国家职业教育工业机器人技术专业
教学资源库配套教材

"十三五"江苏省高等学校重点教材（编

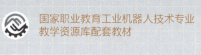

U0501760

工业机器人
离线编程
（安川）

▶主　编　薛文奎　陈小艳
　副主编　周　斌

高等教育出版社·北京

内容提要

本书是国家职业教育工业机器人技术专业教学资源库配套教材。本书共8章，首先介绍工业机器人离线编程的基本知识，包括机器人编程发展历史、编程方式、常用编程软件，然后以安川机器人为例，介绍离线编程软件的安装方法和软件开发环境、工作站系统建模、仿真编程与应用、MotoSim CAM功能、工作站系统联机调试等内容。

本书采用"纸质教材+数字课程"的出版方式，配套了微课等学习资源，除扫描书中标注的二维码直接观看以外，也可访问"智慧职教"在线教学服务平台(www.icve.com.cn)，通过配套的在线课程来观看和使用，具体资源获取方式详见"智慧职教"服务指南。此外，本书还提供了PPT课件、实例素材等，授课教师可发邮件至编辑邮箱gzdz@pub.hep.cn索取。本书采用双色印刷，版面精美友好，结构清晰。

本书适合作为高等职业院校工业机器人技术、电气自动化技术、机电一体化技术等专业及装备制造大类其他相关专业的教材，也可作为相关技术人员的参考资料和培训用书。

图书在版编目(CIP)数据

工业机器人离线编程:安川/薛文奎,陈小艳主编
.--北京:高等教育出版社,2021.12
    ISBN 978-7-04-053462-7

Ⅰ.①工… Ⅱ.①薛…②陈… Ⅲ.①工业机器人-程序设计-高等职业教育-教材 Ⅳ.①TP242.2

中国版本图书馆CIP数据核字(2020)第015399号

工业机器人离线编程(安川)
Gongye Jiqiren Lixian Biancheng(Anchuan)

策划编辑	郭 晶	责任编辑	郭 晶	封面设计	张 志	版式设计	童 丹
插图绘制	于 博	责任校对	高 歌	责任印制	韩 刚		

出版发行	高等教育出版社	网　址	http://www.hep.edu.cn
社　址	北京市西城区德外大街4号		http://www.hep.com.cn
邮政编码	100120	网上订购	http://www.hepmall.com.cn
印　刷	北京印刷集团有限责任公司		http://www.hepmall.com
开　本	850mm×1168mm　1/16		http://www.hepmall.cn
印　张	10.25		
字　数	240千字	版　次	2021年12月第1版
购书热线	010-58581118	印　次	2021年12月第1次印刷
咨询电话	400-810-0598	定　价	29.80元

本书如有缺页、倒页、脱页等质量问题，请到所购图书销售部门联系调换
版权所有　侵权必究
物料号　53462-00

　　"智慧职教"是由高等教育出版社建设和运营的职业教育数字教学资源共建共享平台和在线课程教学服务平台,包括职业教育数字化学习中心平台(www.icve.com.cn)、职教云平台(zjy2.icve.com.cn)和云课堂智慧职教 App。用户在以下任一平台注册账号,均可登录并使用各个平台。

　　● **职业教育数字化学习中心平台(www.icve.com.cn)**:为学习者提供本教材配套课程及资源的浏览服务。

　　登录中心平台,在首页搜索框中搜索"工业机器人离线编程(安川)",找到对应作者主持的课程,加入课程参加学习,即可浏览课程资源。

　　● **职教云平台(zjy2.icve.com.cn)**:帮助任课教师对本教材配套课程进行引用、修改,再发布为个性化课程(SPOC)。

　　1. 登录职教云,在首页单击"申请教材配套课程服务"按钮,在弹出的申请页面填写相关真实信息,申请开通教材配套课程的调用权限。

　　2. 开通权限后,单击"新增课程"按钮,根据提示设置要构建的个性化课程的基本信息。

　　3. 进入个性化课程编辑页面,在"课程设计"中"导入"教材配套课程,并根据教学需要进行修改,再发布为个性化课程。

　　● **云课堂智慧职教 App**:帮助任课教师和学生基于新构建的个性化课程开展线上线下混合式、智能化教与学。

　　1. 在安卓或苹果应用市场,搜索"云课堂智慧职教"App,下载安装。

　　2. 登录 App,任课教师指导学生加入个性化课程,并利用 App 提供的各类功能,开展课前、课中、课后的教学互动,构建智慧课堂。

　　"智慧职教"使用帮助及常见问题解答请访问 help.icve.com.cn。

国家职业教育工业机器人技术专业教学资源库配套教材编审委员会

　　《中国制造 2025》明确提出,重点发展"高档数控机床和机器人等十大产业"。预计到 2025 年,我国工业机器人应用技术人才需求将达到 30 万人。工业机器人技术专业面向工业机器人本体制造企业、工业机器人系统集成企业、工业机器人应用企业需要,培养工业机器人系统安装、调试、集成、运行、维护等工业机器人应用技术技能型人才。

　　国家职业教育工业机器人技术专业教学资源库项目建设工作于 2014 年正式启动。项目主持单位常州机电职业技术学院,联合成都航空职业技术学院、湖南铁道职业技术学院、南宁职业技术学院、宁波职业技术学院、青岛职业技术学院、长沙民政职业技术学院、安徽职业技术学院、金华职业技术学院、柳州职业技术学院、温州职业技术学院、浙江机电职业技术学院、安徽机电职业技术学院、广东交通职业技术学院、黄冈职业技术学院、秦皇岛职业技术学院、常州纺织服装职业技术学院、常州轻工职业技术学院、广州工程技术职业学院、湖南汽车工程职业学院、苏州工业职业技术学院、四川信息职业技术学院等 21 所国内知名院校和上海 ABB 工程有限公司等 16 家行业企业共同开展建设工作。

　　工业机器人技术专业教学资源库项目组按照教育部"一体化设计、结构化课程、颗粒化资源"的资源库建设理念,系统规划专业知识技能树,设计每个知识技能点的教学资源,开展资源库的建设工作。项目启动以来,项目组广泛调研了行业动态、人才培养、专业建设、课程改革、校企合作等方面的情况,多次开展全国各地院校参与的研讨工作,反复论证并制订工业机器人技术专业建设整体方案,不断优化资源库结构,持续投入项目建设。资源建设工作历时两年,建成了以一个平台(图 1)、三级资源(图 2)、五个模块(图 3)为核心内容的工业机器人技术专业教学资源库。

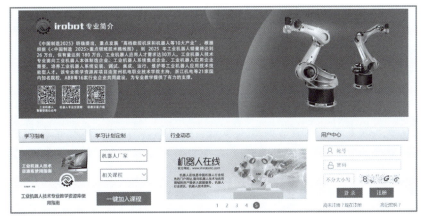

图 1　工业机器人技术专业教学资源库首页

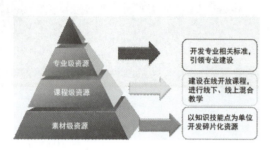

图 2　资源库三级资源

图 3　资源库五个模块

本套教材是资源库项目建设重要成果之一。为贯彻《国务院关于加快发展现代职业教育的决定》，在"互联网+"时代背景下，以线上线下混合教学模式推动信息技术与教育教学深度融合，助力专业人才培养目标的实现，项目主持院校与联合建设院校深入调研企业人才需求，研究专业课程体系，梳理知识技能点，充分结合资源库数字化内容，编写了这套新形态一体化教材，形成了以下鲜明特色。

第一，从工业机器人应用相关核心岗位出发，根据典型技术构建专业教材体系。项目组根据专业建设核心需求，选取了 10 门专业课程进行建设，同时建设了 4 门拓展课程。与工业机器人载体密切相关的课程，针对不同工业机器人品牌分别建设课程内容。例如，"工业机器人现场编程"课程分别以 ABB、安川电机、发那科、库卡、川崎等品牌工业机器人的应用为内容，同时开发多门课程的资源。与课程教学内容配套的教材内容，符合最新专业标准，紧密贴合行业先进技术和发展趋势。

第二，从各门课程的核心能力培养目标出发，设计先进的编排结构。在梳理出教材的各级知识技能点，系统地构建知识技能树后，充分发挥"学生主体，任务载体"的教学理念，将知识技能点融入相应的教学任务，符合学生的认知规律，实现以兴趣激发学生，以任务驱动教学。

第三，配套丰富的课程级、单元级、知识点级数字化学习资源，以资源与相应二维码链接来配合知识技能点讲解，展开教材内容，将现代信息技术充分运用到教材中。围绕不同知识技能点配套开发的素材类型包括微课、动画、实训录像、教学课件、虚拟实训、讲解练习、高清图片、技术资料等。配套资源不仅类型丰富，而且数量高，覆盖面广，可以满足本专业与装备制造大类相关专业的教学需要。

第四，本套教材以"数字课程+纸质教材"的方式，借助资源库从建设内容、共享平台等多方面实施的系统化设计，将教材的运用融入整个教学过程，充分满足学习者自学、教师实施翻转课堂、校内课堂学习等不同读者及场合的使用需求。教材配套的数字课程基于资源库共享平台（"智慧职教"，http://www.icve.com.cn/irobot）。

第五，本套教材版式设计先进，并采用双色印刷，包含大量精美插图。版式设计方面突出书中的核心知识技能点，方便读者阅读。书中配备的大量数字化学习资源，分门别类地标记在书中相应知识技能点处的侧边栏内，大量微课、实训录像等可以借助二维码实现随扫随学，弥补传统课堂形式对授课时间和教学环境的制约，并辅以要点提示、笔记栏等，具有新颖、实用的特点。

专业课程建设和教材建设是一项需要持续投入和不断完善的工作。项目组将致力于工业机器人技术专业教学资源库的持续优化和更新，力促先进专业方案、精品资源和优秀教材早入校园，更好地服务于现代职教体系建设，更好地服务于青年成才。

工业机器人技术专业教学资源库项目组

前　言

在世界各国的工业机器人品牌中,ABB、库卡(KUKA)、发那科(FANUC)、安川电机(YASKAWA)并称为工业机器人"四大家族"。它们在国际市场上举足轻重,同时占据我国工业机器人市场一定的份额。目前高等职业院校使用的关于工业机器人离线编程的教材,大都基于 ABB 公司的工业机器人仿真软件 RobotStudio,少有基于安川电机公司的工业机器人仿真软件 MotoSim EG 的教材。本书基于安川电机公司的机器人仿真软件 Motosim EG-VRC,以"加强基础、重视应用、开拓思维"为指导思想,由院校教师、企业专家和工程师以校企合作模式编写而成。本书内容经过广泛调研和论证,其目的是提供符合高等职业院校学生认知规律、知识结构、就业岗位需求,适合高等职业院校工业机器人技术专业使用的教材。

本书主要特点如下。

1. 遵循"由浅入深"原则

本书遵循"由浅入深"原则,设置一系列学习内容,展开知识讲解、实际操作,并嵌入职业核心能力知识点,使知识与实验、实训紧密结合,提供在完成操作技能练习的过程中学习相关知识、发展综合职业能力的学习工具。首先讲解软件的基本使用方法,再对系统构建所需的模型构建软件进行详细的实例介绍,最后引入工作站的整体构建,符合初学者的学习规律。

2. 突出实用性,兼顾完整性

本书首先介绍 MotoSim EG-VRC 软件的基本操作方法,其次以实际生产中常用的喷涂工作站、码垛工作站、同步焊接工作站等为例,进行实际工作站仿真训练。在每一个学习实例中,使学生深入了解工业机器人工作站的仿真特性,体现实用性。实训任务包含工业机器人工作站从模型创建到整体布局,再到编程控制及仿真测试的复杂操作,兼顾完整性。

3. 培养自主学习与技能应用能力

本书不仅设置丰富的练习题目,而且通过详细的实例讲解,使学生练习实践操作能力,完成技能学习的考核,有利于形成主动学习、相互交流探讨的课程实施环境,培养学生自主学习与技能应用能力。

本书得益于现代信息技术的飞速发展,在使用双色印刷的同时,配备了完善的微课、仿真素材、拓展资料、习题答案、PPT 课件等学习资源。读者在学习过程中可登录"智慧职教"平台(www.icve.com.cn)搜索获取数字化学习资源;对于微课等可以直接观看的学习资源,可以通过扫描书中二维码链接来使用。

本书适合作为高等职业院校工业机器人技术专业以及装备制造大类相关专业的教材,也可作为工程技术人员的参考资料和培训用书。教师讲解每部分内容中的基本概念和知识,演示基本操作方法,学生按照教师讲解和书中实例进行练习,并结合书中数字化学习资源来预习或复习,从而巩固对概念的理解,加强掌握实践技能。一般情况下,教师可用 32 学时来讲解本书的各章内容,学生可用 32 学时来练习操作实例,一共需要 64 学时。具体学时分配建议见下表。

序号	内容	分配建议/学时	
		理论	实践
1	工业机器人离线编程概述	4	0
2	离线编程软件安装	1	1
3	离线编程软件开发环境	4	2
4	工作站系统建模	8	10
5	工作站系统仿真编程	4	4
6	工作站系统仿真应用	6	10
7	MotoSim CAM 功能	3	3
8	工作站系统联机调试	2	2
合计		32	32

　　薛文奎、陈小艳担任本书主编,周斌担任副主编。在本书的编写过程中,常州机电职业技术学院、安川电机(上海)有限公司等单位提供了大力支持和指导,在此一并致谢!

　　由于技术发展日新月异,加之编者水平有限,对于书中不妥之处,恳请广大读者批评指正。

编者

2021 年 6 月

目　录

第1章

工业机器人离线编程概述

近年来,随着计算机技术、自动控制技术、微电子技术、网络技术等的快速发展,工业机器人技术得到了飞速发展。它集机械工程、电子工程、自动控制工程、人工智能等多种学科的最新科研成果于一体。目前已有许多类型的工业机器人投入工程应用,创造了巨大的经济效益和社会效益。工业机器人是一台可编程的机械装置,其功能的灵活性和智能性很大程度上取决于工业机器人的编程能力。由于工业机器人应用范围的扩大和所完成任务复杂程度的不断增加,机器人工作任务的编制已经成为一项重要工作。

1.1 工业机器人离线编程应用

通常,机器人编程方式可分为示教再现编程和离线编程。目前,在国内外生产中应用的机器人系统大多数为示教再现型。其编程方式通常是在作业现场通过对实际作业机器人人工在线示教来完成的,示教所完成的编程质量较低,不能满足作业要求。

示教再现型机器人在实际生产应用中主要存在下列技术问题。

① 机器人的在线示教编程过程烦琐,效率低。

② 示教的精度完全靠示教者的经验目测决定,对复杂路径难以取得令人满意的示教果。

③ 对一些需要根据外部信息进行实时决策的应用无能为力。

离线编程系统可以简化机器人编程进程,提高编程效率,是实现系统集成的必要的软件支撑系统。与示教编程相比,离线编程

课件
工业机器人离线
编程应用

系统具有下列优点。

① 减少机器人停机的时间。当对下一个任务进行编程时,机器人可仍在生产线上工作。

② 可使编程者远离工作现场,改善了编程环境。

③ 离线编程系统使用范围广,可以对各种机器人进行编程,并能方便地实现优化编程。

④ 便于和 CAD/CAM 系统结合,实现 CAD/CAM/ROBOTICS 一体化。

⑤ 可使用高级计算机编程语言对复杂任务进行编程。

⑥ 便于修改机器人程序。

因此,离线编程引起了人们的广泛重视,并成为机器人学中一个十分活跃的研究方向。

1.1.1　机器人编程发展历史

微课
机器人编程发展
历史

当前机器人广泛应用于焊接、装配、搬运、喷漆、打磨等领域,任务的复杂程度不断增加,而用户对产品的质量、效率的追求越来越高。在这种形式下,机器人的编程方式、编程效率和质量显得越来越重要。降低编程的难度和工作量,提高编程效率,实现编程的自适应性,从而提高生产效率,是机器人编程技术发展的追求。

机器人编程就是为使机器人完成某种任务而设置的动作顺序描述。机器人运动和作业的指令都由程序进行控制。常见的编制方法有示教编程和离线编程。其中,示教编程包括示教、编辑和轨迹再现,可以通过示教器示教和导引式示教两种途径实现。示教方式实用性强,操作简便,因此大部分机器人都采用这种方式。离线编程方法是利用计算机图形学成果,借助图形处理工具建立几何模型,通过一些规划算法来获取作业规划轨迹。与示教编程不同,离线编程不与机器人发生关系,在编程过程中机器人可以照常工作。工业上离线工具只作为一种辅助手段,未得到广泛的应用。

随着视觉技术、传感技术、智能控制、网络和信息技术、大数据等技术的发展,机器人编程技术将会得到下列改进。

① 编程将会变得更简单、快速、可视,仿真效果直观可见。

② 基于视觉、传感、信息和大数据技术,感知、辨识、重构环境和工件等的 CAD 模型,自动获取加工路径的几何信息。

③ 基于互联网技术实现编程的网络化、远程化、可视化。

④ 基于增强现实技术实现离线编程和真实场景的互动。

⑤ 根据离线编程技术和现场获取的几何信息自主规划加工路径、焊接参数并进行仿真确认。

1.1.2　机器人编程方式

微课
机器人编程方式

对工业机器人来说,主要有三类编程方法:在线编程、离线编程、自主编程。

在目前的机器人应用中,手动示教仍然主宰着整个机器人焊接领域。离线编程适用于结构化焊接环境,但对于轨迹复杂的三维焊缝,手工示教不但费时,而且难以满足焊接精度要求。因此,在视觉导引下由计算机控制机器人自主示教取代手工示教,已成为发展趋势。

1. 示教编程技术

（1）在线示教编程

在线示教编程时，通常由操作人员通过示教器控制机械手工具末端，到达指定的位置和姿态，记录机器人位姿数据并编写机器人运动指令，完成机器人在正常加工中的轨迹规划、位姿等关节数据信息的采集、记录。

示教器示教具有在线示教的优势，操作简便直观。示教器主要有编程式和遥感式两种，如图1-1所示。例如，采用机器人对汽车车身进行点焊，首先由操作人员控制机器人达到各个焊点，对各个点焊轨迹通过人工示教，在焊接过程中通过示教再现的方式，再现示教的焊接轨迹，从而实现车身各个位置、各个焊点的焊接。车身机器人点焊如图1-2所示。但在焊接中很难保证车身的位置每次都完全一样，所以在实际焊接中，通常还需要增加激光传感器等，对焊接路径进行纠偏和校正。

图1-1　机器人示教器

图1-2　汽车车身机器人点焊

（2）激光传感辅助示教

在空间探索、水下施工、核电站修复等极限环境下，操作者不能身临现场，焊接任务的完成必须借助遥控方式。环境的光照条件差，视觉信息不能完全地反馈现场的情况，采用立体视觉作为视觉反馈手段，示教周期长。激光视觉传感能够获取焊缝轮廓信息，反馈给机器人控制器，实时调整焊枪位姿，跟踪焊缝。哈尔滨工业大学高洪明等提出了用于遥控焊接的激光视觉传感辅助遥控示教技术，克服了基于立体视觉显示遥控示教的缺点。通过激光视觉传感提取焊缝特征点作为示教点，提高了识别精度，实现了对平面曲线焊缝和复杂空间焊缝的遥控示教，如图1-3所示。

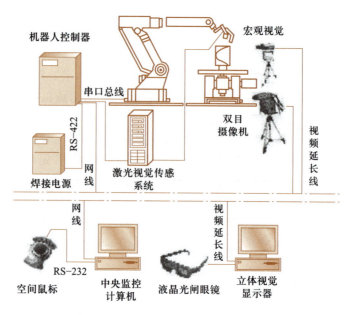

图1-3　基于激光辅助示教的遥控操作

（3）力觉传感辅助示教

由于视觉误差，立体视觉示教精度低。激光视觉传感能够获取焊缝轮廓信息，反馈给机器人控制器，实时调整焊枪位姿，跟踪焊缝，但也无法适应所有遥控焊接环境，如工件表面状态对激光辅助示教有一定影响，不规则焊缝特征点提取困难，为此哈尔滨工业大学高洪明等提出了遥控焊接力觉遥示教技术，采用力传感器对焊缝进行辨识，系统结构简单，成本低，反应灵敏度高，力觉传感与焊缝直接接触，示教精度高。通过力觉遥示教焊缝辨识模型和自适应控制模型，实现遥示教局部自适应控制，通过共享技术和视觉临场感实现人对遥控焊接遥示教宏观全局监控。

（4）专用工具辅助示教

为了使机器人在三维空间的示教过程更直观，一些辅助示教工具被引入在线示教过程，包括位置测量单元和姿态测量单元，分别来测量空间位置和姿态。辅助示教工具一般由两个手臂和一个手腕组成，有6个自由度，通过光电编码器来记录每个关键的角度。操作时，由操作人员手持该设备的手腕，对加工路径进行示教，记录下路径上每个点的位置和姿态，再通过坐标转换为机器人的加工路径值，实现示教编程，操作简便，精度高，不需要操作者实际操作机器人。这对很多非专业的操作人员来说是非常方便的。

借助激光等装置进行辅助示教，提高了机器人使用的柔性和灵活性，降低了操作的难度，提高了机器人加工的精度和效率，这在很多场合是非常实用的。

2.　离线编程技术

（1）离线编程技术的特点

离线编程不需要对实际作业机器人进行示教，只需通过计算机存储的CAD模型，直接生成机器人程序。

（2）编程关键步骤

机器人离线编程是利用计算机图形学的成果，通过对工作单元进行三维建模，在仿真环境中建立与现实工作环境对应的场景，采用规划算法对图形进行控制和操作，在不使用实际机器人的情况下进行轨迹规划，进而产生机器人程序。其中关键步骤如图1-4所示。图1-5所示为采用FANUC公司的Roboguide软件进行离线编程的实例。产品为大众汽车模具的一部分，需要对其表面进行激光熔覆。由于表面较为复杂，采用人工示教方式确定路径很困难，所以采用离线编程软件解决。首先建立模具的CAD模型，以及机器人和模具之间的几何位置关系，然后根据特定的工艺进行轨迹规划和离线编程仿真，确认无误后下载到机器人控制器中执行，实践证明可以取得较好的效果。

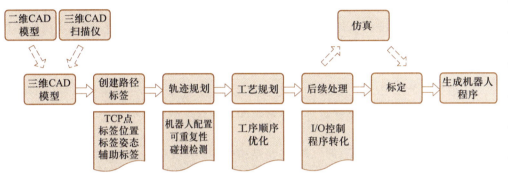

图1-4　基于激光辅助示教的遥控操作系统

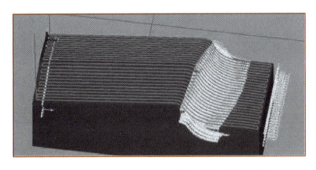

图1-5　基于Roboguide的离线编程和仿真

（3）常用离线编程软件

常用离线编程软件一般包括几何建模功能、基本模型库、运动学建模功能、工作单元布局功能、路径规划功能、自动编程功能、多机协调编程与仿真功能。目前市场上常用的离线编程软件有加拿大Robot Simualtion公司开发的Workspace离线编程软件、以色列Tecnomatix公司开发开的ROBCAD离线编程软件、美国Deneb Robotics公司开发的IGRIP离线编程软件、ABB公司开发的基于Windows操作系统的RobotStudio离线编程软件。此外，日本安川公司开发了MotoSim离线编程软件，FANUC公司开发了Roboguide离线编程软件，可对系统布局进行模拟，确认TCP的可达性、是否干涉，也可进行离线编程仿真，然后将离线编程的程序仿真确认后下载到机器人中执行。1.2节将详细介绍几种常用的离线编程软件。

（4）现有离线编程软件与当前需求的差距

由于离线编程不占用机器人在线时间，提高了设备利用率，同时离线编程技术本身是 CAD/CAM 一体化的组成部分，可以直接利用 CAD 数据库的信息，大大减少了编程时间，这对完成复杂任务是非常有用的。

但由于目前商业化的离线编程软件成本较高，使用复杂，所以对于中小型机器人企业用户而言，软件的性价比不高。

另外，目前市场上的离线编程软件还没有一款能够完全覆盖离线编程的所有流程，而是各个环节独立存在。如对于复杂结构的弧焊，离线编程环节中的路径标签建立、轨迹规划、工艺规划是非常繁杂耗时的。对拥有数百条焊缝的车身要创建路径标签，为了保证位置精度和合适的姿态，操作人员可能要花费数周的时间。尽管像碰撞检测、布局规划、耗时统计等功能已包含在路径规划和工艺规划中，但到目前为止，还没有离线编程软件能够提供真正意义上的轨迹规划，而工艺规划则依赖编程人员的工艺知识和经验。

3. 自主编程技术

随着技术的发展，各种跟踪测量传感技术日益成熟，人们开始研究以焊缝的测量信息为反馈，由计算机控制焊接机器人焊接路径的自主示教技术。

（1）基于结构光的自主编程

基于结构光的自主编程的原理是，将结构光传感器安装在机器人的末端，形成"眼在手上"的工作方式，如图 1-6 所示，利用焊缝跟踪技术逐点测量焊缝的中心坐标，建立起焊缝轨迹数据库，在焊接时作为焊枪的路径。

图 1-6　基于结构光的自主编程

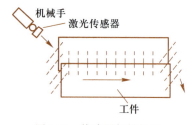

图 1-7　传感器扫描焊缝

下面将线结构光视觉传感器安装在 6 自由度焊接机器人末端后，对结构化环境下的自由表面焊缝进行自主示教。在焊缝上建立了一个随焊缝轨迹移动的坐标来表达焊缝的位置和方向，并与连接类型（搭接、对接、V 形）结合形成机器人焊接路径，其中采用 3 次样条函数对空间焊缝轨迹进行拟合，避免常规的直线连接造成的误差，如图 1-7 所示。

（2）基于双目视觉的自主编程

基于视觉反馈的自主示教是实现机器人路径自主规划的关键技术，其主要原理是:在一定条件下,由主控计算机通过视觉传感器沿焊缝自动跟踪、采集并识别焊缝图像,计算出焊缝的空间轨迹和方位(即位姿),并按优化焊接要求自动生成机器人焊枪(Torch)的位姿参数。

(3)多传感器信息融合自主编程

有研究人员采用力传感器、视觉传感器(相机)、以及位移传感器构成一个高精度自动路径生成系统,如图1-8所示。该系统集成了位移、力、视觉控制,引入视觉伺服,可以根据传感器反馈信息来执行动作。该系统中机器人能够根据记号笔所绘制的线自动生成机器人路径,位移控制器用来保持机器人TCP点的位姿,视觉传感器用来使得机器人自动跟随曲线,力传感器用来保持TCP点与工件表面的距离不变。

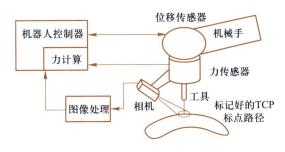

图1-8 基于视觉、力和位置传感器的路径自动生成系统

4. 基于增强现实的编程技术

增强现实技术源于虚拟现实技术,是一种实时地计算摄像机影像的位置及角度,并加上相应图像的技术。这种技术的目标,是在屏幕上用虚拟世界对照现实世界并互动。增强现实技术使得计算机产生的三维物体融合到现实场景中,加强了用户同现实世界的交互。将增强现实技术用于机器人编程是一项重要技术突破。

增强现实技术融合了真实的现实环境和虚拟的空间信息。它在现实环境中发挥了动画仿真的优势,并提供了现实环境与虚拟空间信息的交互通道。例如,一台虚拟的飞机清洗机器人模型被应用于按比例缩小的飞机模型。控制虚拟的机器人针对飞机模型沿着一定的轨迹运动,进而生成机器人程序,之后对现实机器人进行标定和编程。

基于增强现实的机器人编程技术(RPAR)能够在虚拟环境中没有真实工件模型的情况下进行机器人离线编程。由于能够将虚拟机器人添加到现实环境中,所以当需要原位接近时,该技术是一种非常有效的手段,这样能够避免在标定现实环境和虚拟环境中可能碰到的技术难题。增强现实编程如图1-9所示,由虚拟环境、操作空间、任务规划、路径规划等虚拟机器人仿真和现实机器人验证等环节组成。

基于增强现实的机器人编程技术能够发挥离线编程技术的内在优势,如减少机器人的停机时间,安全性性好,操作便利等。由于基于增强现实的机器人编程技术采用的策略是路径免碰撞、接近程度可缩放,所以该技术可以用于大型机器人的编程,而在线编程技术则难以做到。

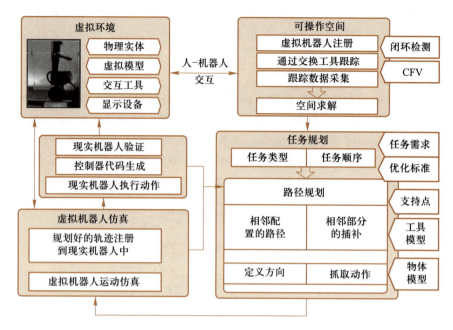

图 1-9　增强现实编程

1.2　常用离线编程软件

机器人离线编程软件是机器人应用与研究不可缺少的工具。美国、英国、法国、德国、日本等国的许多大学实验室、研究所、制造公司都对机器人离线编程与仿真技术进行了大量的研究，并开发出原型系统和应用系统，见表 1-1。

根据机器人离线编程系统的开发和应用情况，可将其分为企业专用系统（如 NIS公司的 RoboPlan 系、NKK 公司的 NEW-BRISTLAN 系统）、机器人配套系统（如 ABB 公司的 Robotstudio 系统、Motoman 公司的 MotoSim EG-VRC 系统和 Panasonic 公司的DTPS 系统）和商品化通用系统（如 Tecnomatix 公司的 RoboCAD 系统、Deneb 公司的IG-RIP 系统、Robot Simulations 公司的 Workspace 系统）三大类。其中，许多软件既可用于机器人仿真分析，又可用于机器人离线编程。

表 1-1　工业机器人离线编程与仿真系统

序号	软件	开发公司或研究机构
1	ROBEX	德国亚琛工业大学
2	GRASP	英国诺丁汉大学
3	PLACE	美国 McAuto 公司
4	ROBOT-SIM	美国 Calms 公司
5	ROBOGRAPHIX	美国 Computer Vision 公司
6	IGRIP	美国 Dmeb 公司

续表

序号	软件	开发公司或研究机构
7	ROBCAD	美国 Tecnomatix 公司
8	CIMSTATION	美国 SILMA 公司
9	WORKSPACE	美国 Robot Simulations 公司
10	SMAR	法国普瓦提埃大学

国外商品化离线编程系统都提供以下基本功能:几何建模功能、焊接规划功能、程序生成与通信功能等,如图 1-10 所示。从应用上看,商品化的离线编程系统都具有较强的图形功能,并且有很好的编程功能。

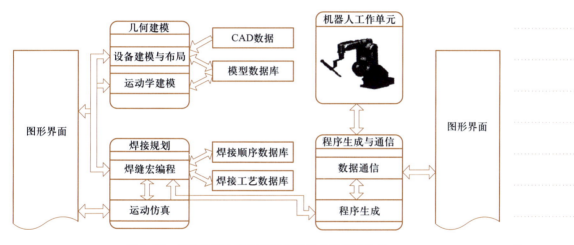

图 1-10　焊接机器人离线编程系统的典型应用构架

弧焊工艺复杂,示教工作量大,现场示教会占用大量生产时间。弧焊机器人可借助计算机图形技术,在显示器上按焊件与机器人的位置关系对焊接动作进行图形仿真,然后将示教程序传给生产线上的机器人。目前已经有多种这类软件可以使用,如 ABB 公司提供的机器人离线编程软件 Program Maker。

在实践中,很难对大部分所要求的背景知识进行编码,这时 CAD/CAM 件的几何数据可以提供环境的各种知识,有助于生成机器人运行程序。对机器人的环境进行扩展建模时,计算机辅助设计(AutoCAD、SolidWorks)应用程序可以为机器人运行提供环境数据。

目前,一种新的电焊机器人系统正在被开发。该系统可结合焊接技术和 CAD/CAM 技术,提高生产准备工作的效率,缩短产品设计、投产的周期,使整个机器人系统产生更高的效益。这种系统拥有关于汽车车身的结构信息、焊接条件计算信息和计算机机构信息等数据库,CAD 系统利用该数据库可方便地进行焊钳选择和机器人配置方案设计,采用离线编程的方式规划路径。

1. 2. 1　MotoSim EG 软件

MotoSim EG 软件是 Motoman 机器人离线编程计算机软件。使用 MotoSim EG 可在计算机上方便地进行机器人作业程序（JOB）的编制及模拟仿真演示。

MotoSim EG 包含绝大部分安川机器人现有机型的结构数据，因此可对多种机器人进行操作编程。MotoSim EG 提供了 CAD 功能，使用者以基本图形要素进行组合可构造出各种工件和工作台，与机器人一起构成机器人系统，模拟真实系统。

微课
MotoSim 软件
介绍

MotoSim EG 的主要操作流程为：构筑作业单元→配置及定位机器人→建立工件模块→将机器人单元与工件模块进行组合→机器人动作示教→动作、运行时间、干涉等的检查。

建立作业单元程序后，在程序的导引下，为操作者所要建立的机器人作业系统创建一个单元，实际上也是生成一个文件夹，用以存放、管理该单元的有关数据。建立单元后，便生成了一个基本的空间场地，用于布置系统配置及定位机器人。从 MotoSim EG 程序菜单可选出需要的机型，并将它定位到合适的位置。建立工件及工具模块将程序提供的基本图形要素，组合成所需要的工件放置台、工件和机器人上把持的作业工具模块。在此过程中，还可设定某些特征点，为后面的示教带来方便。模块的布置通过模块的位置参数设置，对已生成的模块进行定位，并可进行调整，以得到理想的系统布置。

机器人动作示教生成作业程序的方法如下：建立一个 JOB 文件即作业程序，再从工具栏中调出模拟示教器，就可以进行程序示教。模拟示教器上有机器人的操作键，可使机器人运动，还有插补方式、插补速度等设置功能，以及其他的编辑功能。利用这些功能，可便利地生成作业程序。

运动、作业时间、干涉等的检查：对生成的作业程序可以单步或连续地进行再现，以作业程序进行各种检查，如动作是否合适、运行时间长短、机器人与工件是否有干涉等。如有干涉，可以设定不同的颜色显示干涉区域。可以从各个视角、不同距离对机器人进行观察，以得到准确的结果。也可以对机器人进行轨迹跟踪，便于分析。

此外，还有许多其他的功能，为各种作业程序的编制提供了极大的便利。

1. 2. 2　RobotStudio 软件

ABB 工业机器人的离线编程软件 RobotStudio 采用了 ABB Virtual Robot 技术，实现了真正的离线编程

在 RobotStudio 中可以实现以下主要功能。

微课
RobotStudio 软件
介绍

1. CAD 导入

RobotStudio 可轻易地以各种主要的 CAD 格式导入数据，包括 IGES、STEP、VRML、VDAFS、ACIS、CATIA。通过使用此类非常精确的 3D 模型数据，机器人程序设计者可以生成更为精确的机器人程序，从而提高产品质量。

2. 自动路径生成

这是 RobotStudio 中最节省时间的功能之一。通过使用待加工部件的 CAD 模型，可在短短几分钟内自动生成跟踪曲线所需的机器人位置。如果人工执行此项任务，则

可能需要数小时或数天。

3. 自动分析伸展能力

此便捷功能可灵活移动机器人或工件,直到所有位置都可达到,可以在短短几分钟内验证和优化工作单元布局。

4. 碰撞检测

在 RobotStudio 中,可以对机器人在运动过程中是否可能与外围设备发生碰撞进行验证与确认,以确保机器人的离线编程得出的程序可用性。

5. 在线作业

使用 RobotStudio 与真实的机器人进行连接通信,对机器人进行便捷的监控、程序修改、参数设定、文件传送、备份恢复等操作,使得调试与维护工作更轻松。

6. 模拟仿真

根据设计在 RobotStudio 进行工业机器人工作站的动作模拟仿真以及周期节拍,为工程的实施提供真实的验证。

7. 应用功能包

针对不同的应用,软件提供功能强大的工艺功能包,将机器人更好地与工艺应用进行有效的融合。

8. 二次开发

软件提供功能强大的二次开发平台,使得机器人应用实现更多的可能,满足机器人的科研的需要。

1.2.3　Roboguide 软件

微课
Roboguide 软件
介绍

Roboguide 是发那科(FANUC)机器人公司提供的一种用于创建 FANUC 机器人仿真工作单元(Work Cell,也称为机器人工作站)的配套仿真软件平台。在该软件所建立的仿真环境里,集成工程师可以根据实际机器人工作站的工艺流程,对工程项目进行模拟设计。其过程包含了设备的选择与布局、电气接口资源的分配、工业机器人的轨迹示教、机器人工作站系统软件的编制、调试与修改等主要环节,并通过在三维环境内的仿真运行,达到对项目设计方案的可行性验证效果,并能获得准确的运行周期时间。

Roboguide 是一款核心应用软件,它包含了许多不同应用类型的模块,用于创建所需的机器人工作站。例如,Roboguide 软件中包含搬运(Handing)、弧焊(Arc)、喷涂(Dispense)、点焊(Spot)、激光焊接和切割(LR)等工作站模块。其中,搬运是基础应用模块,通过学习该模块可以掌握创建 FANUC 机器人工作站的基本操作。

1.2.4　其他离线编程软件

微课
其他编程软件
介绍

Panasonic 公司的 DTPS 系统不仅可以离线编辑机器人程序,进行动画模拟,还可以对实际设备的参数进行修改,并使修改后的参数反映到实际设备中。DTPS 主要用于系统方案的研讨、机器人动作范围的确认、节拍估算等。

DTPS 主要有以下特点。

① DTPS 使用的力学、工程学等计算公式和机器人是同一个计算公式。因此,其模拟精度很高,可以实现虚拟程序和示教程序的自由交互。

② 操作的内容和实际机器人完全相同,方便操作者学习和理解,便于教学。

③ 可对数据进行整体转换、焊道平移等,程序编程效率高;改善编程示教的工作环境、安全性好。

④ 机器人及设备模型都是 3D 显示,仿真度高,可在任意角度和视距进行观察。

⑤ 具备简易 CAD 绘图功能,方便机器人系统建模和修改。

⑥ 能够调用外部数据,将全备份数据导入 DTPS,能够确认机器人运行状况。

⑦ 可以作为数据管理工具使用。

⑧ 可将不同系列机器人的程序转换后使用,方便升级。

⑨ 模拟动画可输出为视频格式,DTPS 编辑的设备可输出为 CAD 格式。

第 **2** 章

离线编程软件安装

2.1 离线编程软件安装

安川工业机器人离线编程软件 MotoSim. EG-VRC 5.20 的安装步骤如下。

① 打开源文件夹"Disk1",如图 2-1 所示。

ISSetupPrerequisites	2015/1/21 11:16	文件夹	
0x0409	2010/3/23 16:44	配置设置	22 KB
0x0411	2012/3/16 12:55	配置设置	15 KB
1033.mst	2015/1/21 11:27	MST 文件	112 KB
1041.mst	2015/1/21 11:27	MST 文件	20 KB
Autorun	2015/1/21 11:16	安装信息	1 KB
Data1	2015/1/21 11:27	WinRAR 压缩文件	774,996 KB
MotoSim EG-VRC 5.20	2015/1/21 11:28	Windows Install...	5,250 KB
setup	2015/1/21 11:16	应用程序	1,442 KB
Setup	2015/1/21 11:28	配置设置	7 KB

图 2-1　源文件夹

② 双击"setup"应用程序图标,进入安装准备界面,如图 2-2 所示。

③ 单击"Install"按钮,弹出提示正在安装的界面,如图 2-3、图 2-4 所示。

课件
离线编程软件安装

微课
离线编程软件安装

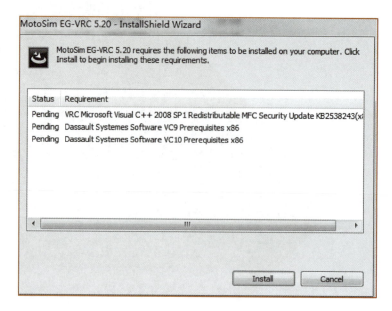

图 2-2　安装准备界面

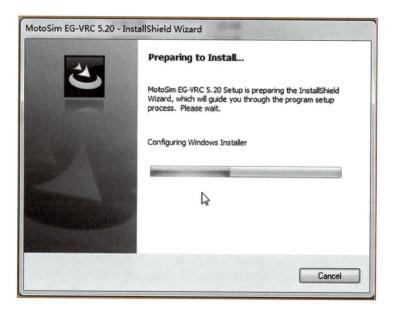

图 2-3　安装提示界面 1

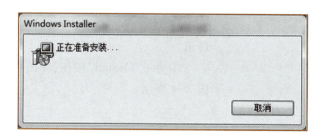

图 2-4　安装提示界面 2

④ 然后进入安装引导界面,如图 2-5 所示。

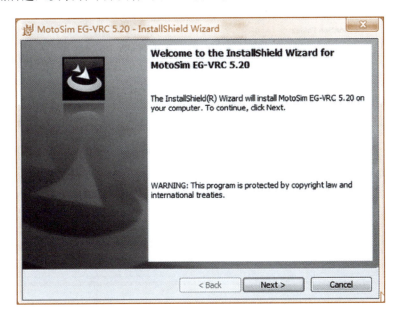

图 2-5　安装引导界面

⑤ 单击"Next"按钮,进入协议许可界面,如图 2-6 所示。仔细阅读后,选择接受许可协议条款的单选按钮,然后单击"Next"按钮。

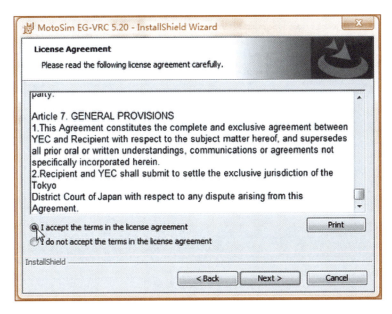

图 2-6　协议许可界面

⑥ 安装文件夹选择界面如图 2-7 所示。

单击"Change"按钮,可以更改软件要安装的目标地址。不需要更改时,直接单击"Next"按钮,进入安装界面。

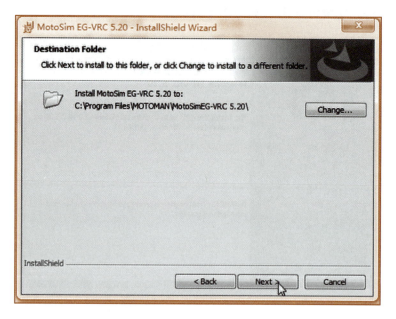

图2-7 安装文件夹选择界面

⑦ 安装界面如图2-8所示。单击"Install"按钮,开始安装。

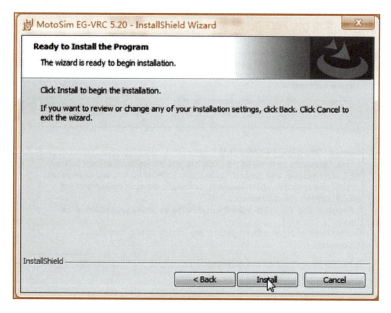

图2-8 安装界面

⑧ 进入如图2-9所示的安装引导界面。安装需要10 min左右。

⑨ 安装完成后,弹出界面如图2-10所示。

⑩ 单击"Finish"按钮,弹出提示重启的选择框,如图2-11所示。MotoSim EG-VRC 5.20安装后需要重新启动计算机,才能正常启动。单击"Yes"按钮,立即重新启动计算机。

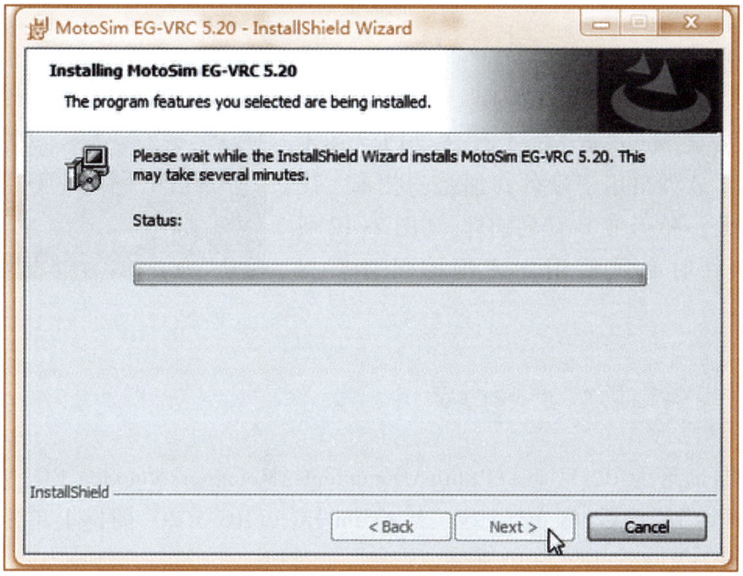

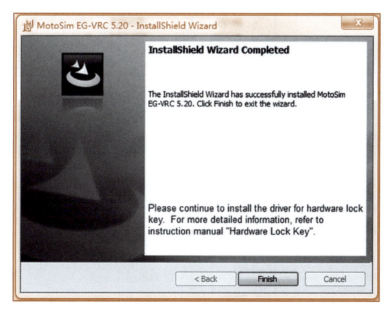

图 2-9　安装引导界面

图 2-10　安装完成界面

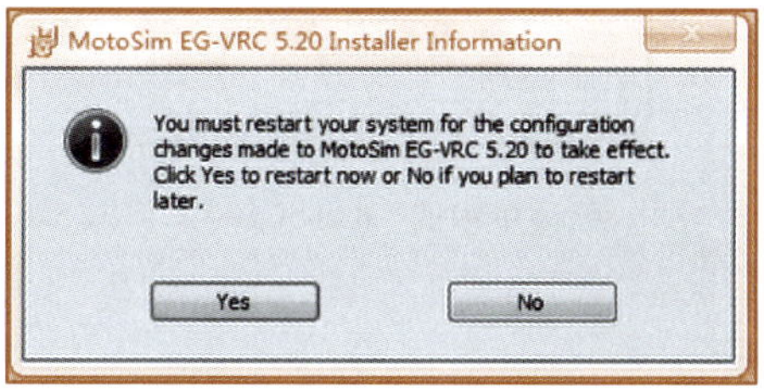

图 2-11　提示重启的选择框

课件
编程软件许可

微课
离线编程软件
许可

2.2　编程软件许可

　　在正确安装 MotoSim EG-VRC 5.20 后,还不能立即使用。软件采用了硬件式加密狗技术。硬件式加密狗是一种形似 U 盘的钥匙,如图 2-12 所示。使用软件时必须使用加密狗才可以获得权限。

图 2-12　安川硬件式加密狗

课件
离线编程软件
安装目录

微课
离线编程软件
安装目录认识

2.3　离线编程软件安装目录

　　软件安装地址为"C:\Users\Public\Documents\Motoman\MotoSim EG-VRC"。

　　单击"开始"菜单后,将光标移到"MotoSim EG-VRC 5.20"图标上单击,就可以打开 MotoSim EG-VRC,如图 2-13 所示。

图 2-13　"开始"菜单中的"MotoSim EG-VRC 5.20"命令

第3章

离线编程软件开发环境

3.1 离线编程软件界面

单击任务栏中的"开始"按钮,选择"所有程序→Motoman→MotoSim EG-VRC 5.20→MotoSim EG-VRC 5.20"命令,打开离线编程软件,默认界面如图3-1所示。

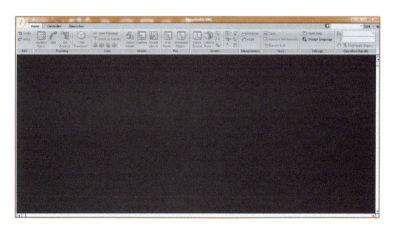

图 3-1 MotoSim EG-VRC 5.20默认界面

界面左上角的 **7** 按钮相当于整个 MotoSim EG-VRC 软件的"开始"按钮。单击 **7** 按钮后弹出的菜单中包括新建、打开、保存、另存为、帮助、选项、退出等与工程项目相关的操作命令,如图3-2所示。

图 3-2　软件"开始"菜单

还有 3 个功能区 Home、Controller、Simulation。

Home 功能区中主要是关于界面的操作命令,如图 3-3 所示。

图 3-3　Home 功能区

Controller 功能区中主要是关于控制柜的操作命令,如图 3-4 所示。

图 3-4　Controller 功能区

Simulation 功能区中主要是关于仿真动画的操作命令,如图 3-5 所示。

图 3-5　Simulation 功能区

课件
离线编程软件
各菜单功能

3.2　离线编程软件各菜单功能

MotoSim EG-VRC 软件的主窗口如图 3-6 所示。下面分别介绍各功能菜单。

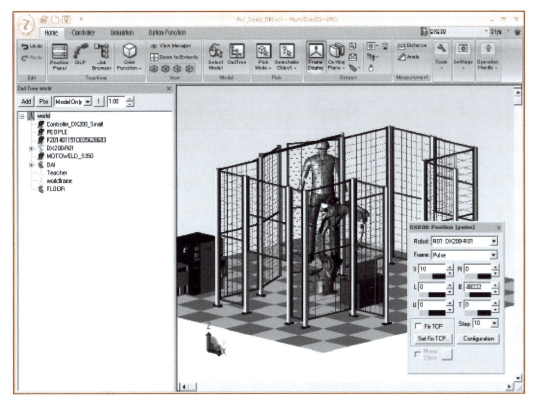

图 3-6　MotoSim EG-VRC 软件主窗口

3.2.1　MotoSim EG-VRC 开始菜单

MotoSim EG-VRC 的开始菜单如图 3-7 所示。菜单上各图标含义见表 3-1。

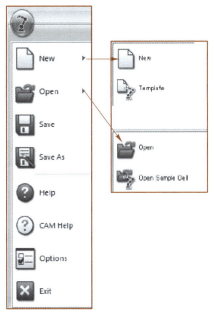

微课
MotoSim EG-VRC
的开始菜单

图 3-7　MotoSim EG-VRC 的开始菜单

表 3-1   开始菜单各图标含义

序号	图标	含义
1	New	创建一个新的工作站
2	Template	利用模板创建一个新的工作站
3	Open	打开已创建的工作站
4	Open Sample Cell	打开已创建的模板工作站
5	Save	保存工作站的相关信息
6	Save As	用新名称保存工作站的相关信息
7	Help	显示 MotoSim EG-VRC 的帮助信息
8	CAM Help	显示 MotoSim EG-VRC CAM 功能的帮助信息
9	Options	显示选项对话框
10	Exit	关闭当前工作站

微课
Home 菜单认识

3.2.2　Home 功能区

Home 功能区如图 3-8 所示。其中各图标含义见表 3-2。

图 3-8　Home 功能区

表 3-2　Home 功能区各图标含义

序号	图标	含义
1	Undo	取消最后一次操作
2	Redo	重复最后一次操作
3	Position Panel	显示位置面板 位置面板显示机器人位置、脉冲数据等

续表

序号	图标	含义
4	OLP	显示 OLP 对话框并使能 OLP 功能。 用单击"操作"将机器人工具或模型移动到目标点上
5	Job Browser	程序浏览器
6	View Manager	显示视图管理器模板
7	Zoom to Extents	显示所有模型
8		显示默认的等距视图
9		显示默认的顶视图
10		显示默认的侧视图
11		显示默认的前视图
12	Select Model	选定模型:单击拟选定模型上的任意一点
13	CadTree	显示所建模型的"模型树"
14	Model Library	显示模型库对话框
15	Pick Mode	点获取模式,决定单击区域选中点的方式。选中模式设置主要有 4 种:无约束、直角、中心、边
16	Selectable Object	选择物体通过鼠标选中选择,模式设置主要有 5 种:模型、坐标、线、点、地板
17	Frame Display	显示坐标
18	Cutting Plane	水平切面
19	Memo	做标记
20	Measure Line	测量直线

续表

序号	图标	含义
21	Mark-up ▾	标记
22	Rendering Mode	渲染模式
23	Line Size ▾	线号
24	Light Manager	灯光
25	Shadow	阴影
26	Axis Triad	三轴
27	Perspective	视角
28	Distance	距离
29	Angle	角度
30	Copy	复制
31	Measure Performance	测试性能
32	Single	单机器人
33	Synchronized	机器人同步
34	BASE AXIS ▾	基座轴
35	Tool Name Display	显示工具名称

3.2.3　Control 功能区

微课
Control 菜单认识

Control 功能区如图 3-9 所示。其中各图标含义见表 3-3。

图 3-9　Control 功能区

表 3-3　Control 功能区各图标含义

序号	图标	含义
1	New	创建一个新的控制器并在 MotoSim EG-VRC 中定义一个系统
2	Copy	复制
3	Delete	删除

续表

序号	图标	含义
4	Reboot	重启
5	Maintenance Mode	维护模式
6	Show	显示虚拟面板
7	CF Storage Card	打开存储文件夹
8	Show All	显示所有的虚拟面板
9	Hide All	隐藏所有的虚拟面板
10	Tool Data	修改工具坐标数据文件
11	User Frame	修改用户坐标数据
12	Robot Calibration	修改机器人标定数据文件
13	Welding Condition	设置点焊焊机
14	Dube Collision Area	显示或删除干涉区域
15	Function Safety	显示并修改安全功能
16	Model Setting	设置机器人模型
17	TCP Reach	画出工具中心点的活动范围
18	New	创建一个外部设备
19	Soft Limit	设置软件设置限制
20	Job Panel	设置软件面板
21	Conveyor Settings	传送带设置
22	Conveyor Operation Panel	显示传送带操作面板

微课
Simulation 菜单
认识

3.2.4　Simulation 功能区

Simulation 功能区如图 3-10 所示。其中各图标含义见表 3-4。

图 3-10　Simulation 功能区

表 3-4　Simulation 功能区各图标含义

序号	图标	含义
1	Reset	将光标移到虚拟面板的第一行并将机器人的位置移到初始位置
2	Start	执行当前选定的工作站中的所有控制器的程序
3	Stop	停止正在执行的程序
4	Back Step	反向单步执行程序
5	Next Step	正向单步执行程序
6	Stage Master	阶段主控制器对话框
7	Servo Emulation	伺服仿真（不考虑伺服间隔的回放）
8	Cycle Time	显示周期时间
9	Variable Monitor	变量监控
10	I/O Monitor	虚拟 I/O 信号监控器
11	Speed Graph	显示速度曲线
12	Pulse Record	脉冲记录

续表

序号	图标	含义
13	Lap Time Panel	延迟时间板
14	Trace	轨迹管理器
15	Collision Detection	碰撞检测
16	I/O Event Manager	虚拟 I/O 事件管理器
17	I/O Connection Manager	虚拟 I/O 连接管理器
18	Model Script Manager	模型脚本管理器
19	Sensing Setting	传感设置
20	Paint Setting	显示绘图面板
21	PDF 3DPDF	输出 3D PDF 文档
22	AVI	输出 AVI 文件

3.3　离线编程软件基本操作流程

MotoSim EG-VRC 的操作流程如图 3-11 所示。

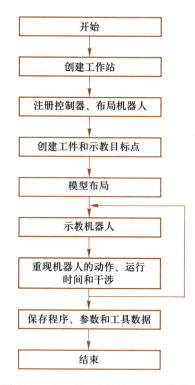

图 3-11　MotoSim EG-VRC 的操作流程

第 **4** 章

工作站系统建模

课件
工业机器人模型
选择和导入

4.1 工业机器人模型选择和导入

工业机器人的应用非常广泛,例如材料搬运、机器维护、焊接、切割等。机器人制造商开发了适用于各种应用的工业机器人产品。在工程应用和系统建模仿真之前,首先要确定工业机器人的功能,在种类众多的工业机器人中选择合适的一款。

4.1.1 选择合适的工业机器人

微课
选择合适的
工业机器人

在选择工业机器人时,需要考虑下列因素。

1. 用途

首先明确工业机器人的用途。这是选择工业机器人种类时的首要条件。

2. 机械手负载

负载是指工业机器人在工作时能够承受的最大载重。如果需要搬运零件,需要将零件的重量和工业机器人抓手的重量都计算在负载内。

3. 自由度(轴数)

工业机器人轴的数量决定了它的自由度。如果只是进行一些简单的应用,例如在传送带之间抓取、放置零件,那么 4 轴的机械手就足够了。如果机械手需要在一个狭小的空间内工作,而且需要扭曲反转,6 轴或者 7 轴的机械手是最好的选择。轴数量的选择通常取决于具体的应用。需要注意的是,轴数多一点并不只为灵活性。事实上,如果想把工业机器人还用于其他应用,可能需要更多的轴。轴多的缺点是,如果一个6轴的机械手只需要其中的4轴,还是需要为剩下的2个轴编程。工业机器人制造商倾向于用稍微有区别的名字为轴或者关节命名。

4. 最大运动范围

在选择工业机器人的时候,需要了解工业机器人要到达的最大距离。选择工业机器人不仅要关注负载,还要关注最大运动范围。每一家制造商都会给出工业机器人的运动范围,可以从中看出是否符合应用的需要。最大垂直运动范围是指机械手腕部能够到达的最低点(通常低于机械手的基座)与最高点之间的范围。最大水平运动范围是指机械手腕部能水平到达的最远点与机械手基座中心线的距离。还需要参考最大动作范围(用角度表示)。这些规格不同的机械手区别很大,应用范围存在限制。

5. 重复精度

重复精度的选择也取决于应用。重复精度是机械手在完成每一个循环后,到达同一位置的精确度或差异度。通常来说,工业机器人可以达到0.5 mm以内的精度,甚至更高。例如,如果机械手用于制造电路板,就需要一台超高重复精度的机械手。如果从事的应用精度要求不高,那么机械手的重复精度也可以不用那么高。精度在2D视图中通常用"±"表示。实际上,由于工业机器人并不是线性的,可以在公差半径内的任何位置。

6. 速度

不同用户对速度的需求也不同。它取决于完成工作需要的时间。规格表上通常只是给出最大速度,机械手能提供的速度介于0和最大速度之间,单位通常为"度/秒"。一些机械手制造商还给出了最大加速度。

7. 机械手重量

机械手重量对于设计机械手单元也是一个重要的参数。如果工业机械手需要安装在定制的工作台甚至轨道上,需要知道它的重量并设计相应的支撑。

8. 制动和惯性力矩

机械手制造商一般都会给出制动系统的相关信息。一些机械手会给出所有轴的制动信息。为在工作空间内确定精确和可重复的位置,需要足够大的制动力。对于机器人特定部位的惯性力矩,可以向制造商索取。这对于机械手的安全至关重要。同时还应该关注各轴的允许力矩。例如需要一定的力矩去完成动作时,就需要检查该轴的允许力矩能否满足要求。如果不能,机械手很可能会因为超负载而发生故障。

9. 防护等级

防护等级取决于机械手在应用时需要的防护。机械手与食品相关的产品、实验室仪器、医疗仪器一起工作,或者处在易燃的环境中,其所需的防护等级各有不同。这是一个国际标准,需要区分实际应用所需的防护等级,或者按照当地的规范选择。一些制造商会根据机械手工作的环境不同而为同型号的机械手提供不同的防护等级。

4.1.2　安川工业机器人选型

　　工业自动化种类多样,涉及的机械手的功能和用途也各不相同。安川机械手可分为专用型和通用型。专用机械手包括弧焊 VA、MA 系列,电焊 VS、MS、ES 系列,喷涂 EPX 系列,四关节码垛 MPL、MPK 系列,冲压 EPH 系列,装配(搬运)SIA、SDA、MPP3 系列,激光加工 MC2000 系列,去毛刺 DX1350D 系列,生物医学 MH3BM、CSDA 系列,通用型 MH、HP、UP 系列。控制柜也有 FS100、DX100、DX200、NX100 之分。

　　在工业生产中,除了按照用途选择合适的机械手外,还要考虑机械手的使用环境,如温度、负载、最大运行速度、精度、最大力矩、水平可达距离、垂直可达距离以及动作范围。在少数情况下也会考虑主体的重量和电源容量,如安装空间受限。在喷涂加工时应考虑环境是否需要防爆。

　　除此之外,还要考虑机械手的安装方式:F(地面安装)、W(壁挂安装)、C(倒挂安装)、S(架台安装)。下面以 MH6 机械手为例来说明。

　　图 4-1 所示为 MH6 机械手外形。由图 4-2 可以看出,MH6 机械手的水平可达距离为 1 422 mm,垂直可达距离为 2 486 mm(−764 mm~1 722 mm)。查阅相关技术资料,可知 T 轴安装孔为 M6,轴数为 6 轴,负载为 6 kg,T 轴动作范围为 ±360°,最大速度为 610°/s,容许力矩为 5.9 N·m,容许惯性力矩为 0.06 kg·m²,使用温度为 0~45℃。

提示

壁挂安装时,S 轴的动作范围会受到限制,对动力线和编码线的长度有要求,设计夹具时还要考虑 T 轴的安装孔距。

图 4-1　MH6 机械手外形

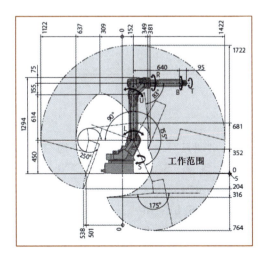

图 4-2　MH6 机械手工作范围

下面以 MH6 为对象,在 MotoSim EG-VRC 环境中选择、设置和导入机器人模型。

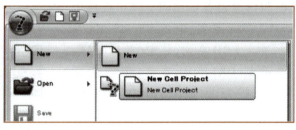

① 单击任务栏中的"开始"按钮,选择"所有程序→Motoman→ MotoSim EG-VRC 5.20→ MotoSim EG-VRC 5.20"命令,打开离线编程软件。

② 在主窗口中单击"MotoSim EG-VRC"按钮 ⑦,选择"New→New"菜单命令,如图 4-3 所示。

图 4-3　新建工作站

③ 当弹出"New Cell"对话框时,输入工作站名称。本例中输入"TestCell",并单击"Open"按钮,如图 4-4 所示。

微课
安川工业机器人模型的选择与导入

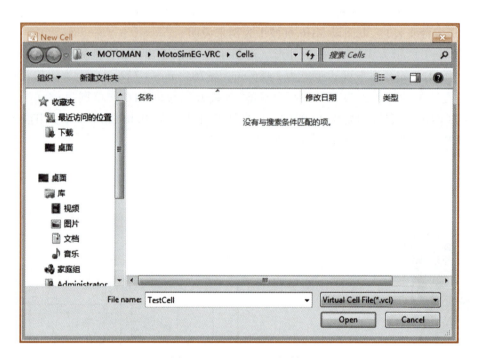

图 4-4　"New Cell"对话框

④ 出现只有地板的工作站。通过下面的方法为工作站配置控制器。选择"Controller"标签,在"Setup"组中单击"New"按钮,如图 4-5 所示。

⑤ 显示"Create Controller With"对话框,包含两个单选项"Existing CMOS. BIN file"和"No CMOS. BIN file"。对现有的机器人工作站进行建模仿真时,选择"Existing CMOS. BIN file"项,此时需要在实际机器人中保存和导入"CMOS. BIN file"。其他情况下选择"No CMOS. BIN file"项,然后单击"OK"按钮,如图 4-6 所示。

图 4-5　新建控制器界面　　　　　　　图 4-6　"Create Controller With"对话框

⑥ 选择控制器版本信息,该软件支持的控制器类型有 DX100、DX200、FS100、NX100 4 种。根据实际情况选择需要的类型,这里选择 DX100,然后单击"OK"按钮,如图 4-7 所示。

⑦ 进行控制器的初始化。虚拟控制器将根据选定的版本信息进行启动,这将花费几分钟时间,如图 4-8 所示。

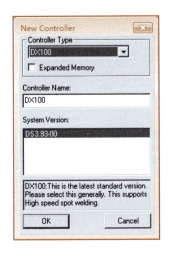

图 4-7　"New Controller"对话框　　　　　图 4-8　控制器初始化

在弹出的控制器初始化界面中的"Standard Setting"区域中,"Language"区域用于设定语言;"Control Group"区域用于选择机器人的具体型号,右侧"Preview"窗口中可以预览要添加的机器人型号,如图 4-9 所示。这里在"Language"中第一语言选择"English",第二语言选择"Japanese";在"Control Group"区域选择使用机器人的型号 MH6-A0(MH6 的标准型号)。在"Application"区域中确定所选择机器人的具体应用,有弧焊、点焊、搬运等,如图 4-10 所示。

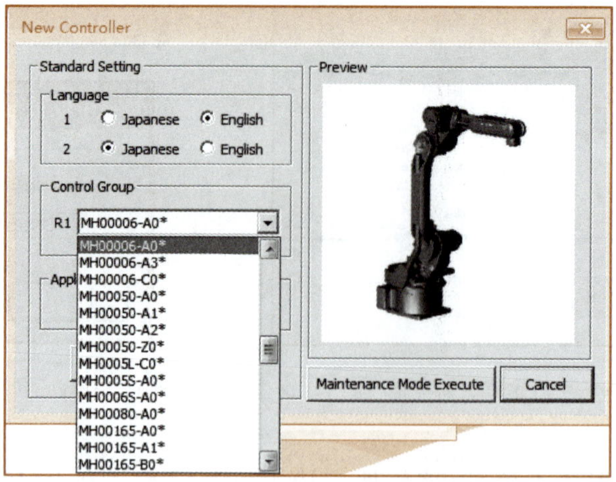

图 4-9　选择语言和机器人型号

图 4-10　选择机器人应用

　　设置好后,有两个按钮"Standard Setting Execute"和"Maintenance Mode Execute"可以单击,分别是执行标准设置和执行维护模式。若单击"Standard Setting Execute"按钮,执行标准设置,会弹出图 4-11 所示的画面。初始化完成后,弹出图 4-12 所示的机器人设置确认对话框。

　　在图 4-12 中单击"OK"按钮,则会弹出图 4-13 所示的界面。

　　若单击"Maintenance Mode Execute"按钮,执行执行维护模式,会弹出 4-14 所示的界面。

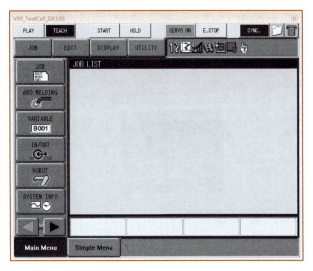

图 4-11 标准模式下的初始化等待界面

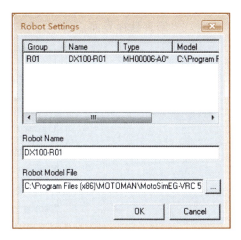

图 4-12 机器人设置确认对话框

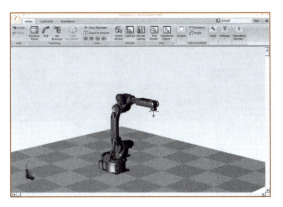

图 4-13 设置完成后的界面

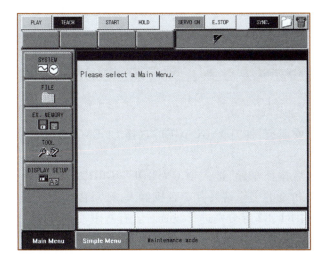

图 4-14 维护模式等待

稍后会弹出维护模式指示对话框,如图4-15所示。单击"Next"按钮,逐页显示说明下面将要设置的项目,显示结束后单击"Finish"按钮,弹出图4-16所示维护模式下语言选择界面。

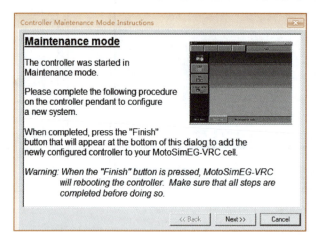

图4-15　维护模式指示对话框

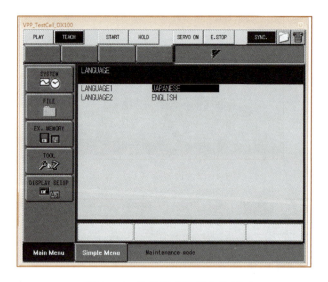

图4-16　维护模式下语言选择

一般情况下需要调整,将"LANGUAGE1"选择为"ENGLISH","LANGUAGE2"选择为"JAPANESE"。

语言选择完成后按回车键,进入"CONTROL　GROUP"即控制组设置界面,如图4-17所示。如果要仿真的工作站只有一台机器人,则只需要对R1进行设置。含有多台机器人时,需要对R1、R2等分别进行设置。含有基座轴和回转轴时,需要分别对B1和S1进行设置。

图4-18为机器人类型选择界面。将光标移到所选机器人类型上,按空格键确认,按回车键进入下一步,如图4-19所示。

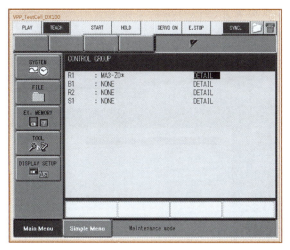

图 4-17　控制组设置

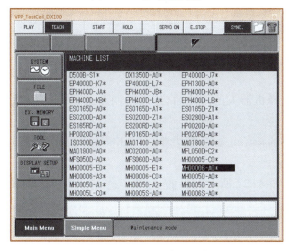

图 4-18　机器人类型选择

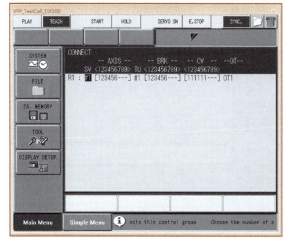

图 4-19　系统信息确认

这里对所设置的机器人相关信息进行显示。若有错误,按取消键,返回上一界面进行修改。若准确无误,按空格键确认,进入图 4-20 所示界面。

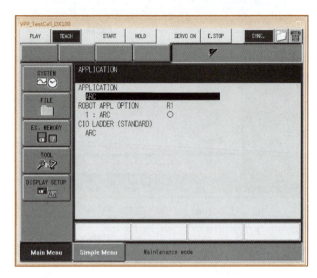

图 4-20　机器人应用选择

在图 4-20 中选择机器人的用途后,连续按回车键,依次出现图 4-21 至图 4-25 所示界面。

在图 4-25 弹出的初始化对话框中单击"YES"按钮,完成仿真系统中机器人的初始化,如图 4-26 所示。

按回车键,出现图 4-27 所示的界面,完成工作站中机器人的设置与导入。

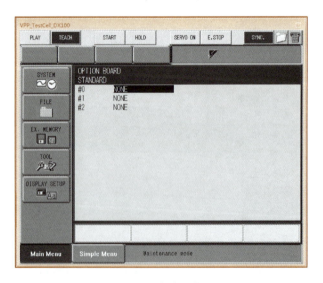

图 4-21　板卡选择 1

图 4-22　板卡选择 2

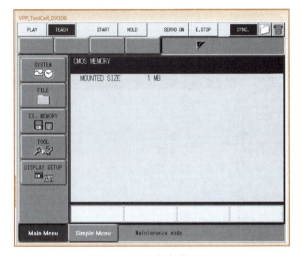

图 4-23　程序存储空间

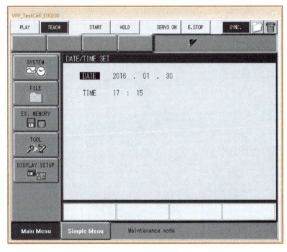

图 4-24　程序创建日期

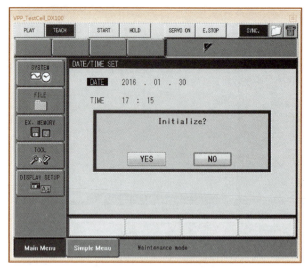

图 4-25 初始化完成提示

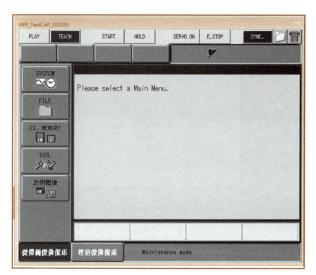

图 4-26 初始化完成

图 4-27 完成机器人导入

4.2 外围设备几何模型构建

MotoSim EG-VRC 仿真软件不仅可以导入安川（YASKAWA）机器人模型，还可以创建外围设备模型。下面以弧焊工作站中外围设备几何模型创建为例，创建一个工件和工作台，如图 4-28 所示。

课件
外围设备几何
模型构建

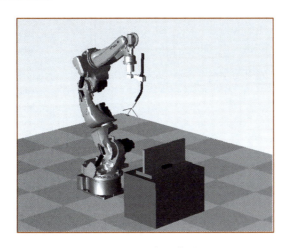

图 4-28　弧焊工作站

工作台和工件的尺寸如图 4-29 所示。

微课
外围设备几何
模型构建

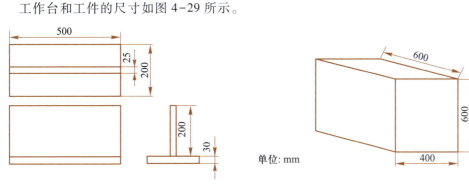

图 4-29　工作台和工件尺寸

按照下列步骤，在 MotoSim EG-VRC 仿真软件中创建仿真。

① 在"Home"标签的"Model"组中，单击"Cad Tree"按钮，弹出"Cad Tree world"对话框，如图 4-30 所示。

② 单击"world"图标，然后单击"Add"按钮，如图 4-31 所示。

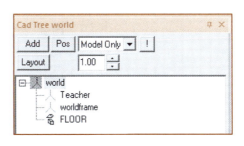

图 4-30　"Cad Tree world"对话框

或者右击并选择"New Model"命令,如图 4-32 所示。

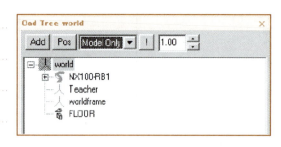

图 4-31 模型添加界面

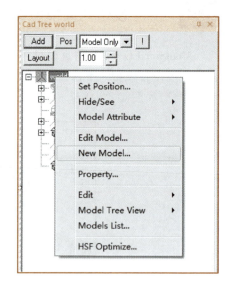

图 4-32 选择"New Model"命令

③ 在弹出的图 4-33 所示的对话框中,输入"STAND",并单击"OK"按钮,如图 4-33所示。

弹出如图 4-34 所示提示框,单击"OK"按钮,创建新的模型。

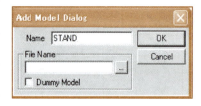

图 4-33 "Add Model Dialog"对话框

图 4-34 创建确认提示框

④ "STAND"模型出现在"Cad Tree STAND"对话框中,如图 4-35 所示。

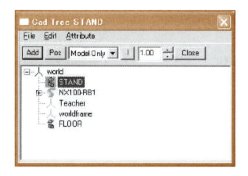

图 4-35 添加子模型

⑤ 双击"STAND"图标后,如图 4-36 所示,在"Add Parts"下拉列表中选择"BOX",并单击"Add"按钮。

⑥ 在出现的编辑"BOX"的"BOX Edit"对话框中,设置工作台的尺寸,如图 4-37 所示。

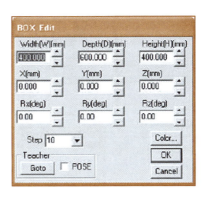

图 4-36　添加组件　　　　　　　图 4-37　设置工作台尺寸

⑦ 工作台的中心点与世界坐标系的中心点重合,单击"Pos"按钮,在弹出的位置设置对话框中,输入工作台 X、Y、Z 坐标值,使工作台移到合适的位置,如图 4-38 所示。

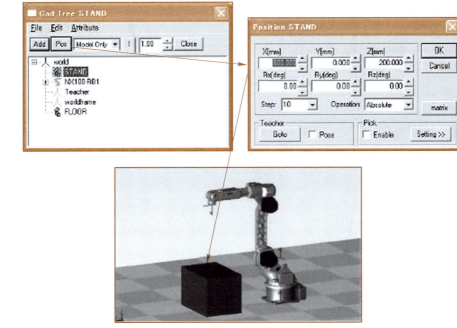

图 4-38　设置工作台位置

⑧ 焊接工件在工作台上,因此在模型树中,将"STAND"作为工件模型的父模型。单击"STAND"图标,创建一个名称为"WORK"的模型,如图 4-39 所示。

至此,完成了图 4-28 所示的弧焊工作站和外围设备的创建。

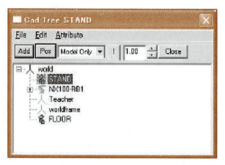

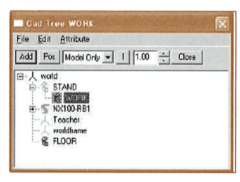

图 4-39   添加工件

4.3   第三方模型构建和导入

　　MotoSim EG-VRC 不仅可以构建外围设备模型,还可以把其他三维 CAD 软件构件的模型导入已创建的工作站。

　　下面介绍几种常用的建模软件。

4.3.1   SolidWorks 模型构建和导入

1. SolidWorks 软件背景

　　SolidWorks 软件是世界上第一个基于 Windows 开发的三维 CAD 系统,技术创新符合 CAD 技术的发展潮流和趋势,每年都有数十乃至数百项技术创新。

2. SolidWorks 特点

　　Solidworks 具有功能强大、易学易用和技术创新三大特点,这使得它成为主流的三维 CAD 解决方案。它能够提供不同的设计方案,减少设计过程中的错误以及提高产品质量。

　　熟悉 Windows 系统的用户,可以用 SolidWorks 方便地展开设计。SolidWorks 独有的拖动功能可以使用户在比较短的时间内完成大型装配设计。SolidWorks 资源管理器是和 Windows 资源管理器一样的 CAD 文件管理器,用它可以方便地管理 CAD 文件。

在目前市场上所见到的三维 CAD 软件中,SolidWorks 是设计过程比较简便的软件之一。在基于 Windows 的三维 CAD 软件中,SolidWorks 是最著名的品牌之一。

在强大的设计功能和易学易用的操作(包括 Windows 风格的拖放、点击、剪切/粘贴)协同下,使用 SolidWorks,整个产品设计是百分之百可编辑的,零件设计、装配设计和工程图之间是全相关的。

3. SolidWorks 建模实例

下面以制作机器人夹爪(如图 4-40 所示)为例,简单介绍 SolidWorks 的常用功能。

图 4-40　机器人夹爪

(1)夹爪的主体

① 打开 SolidWorks 软件,单击左上角的"文件→新建"命令,新建一个零件,如图 4-41 所示。

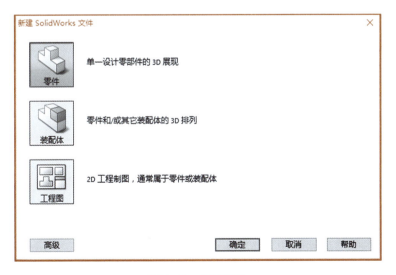

图 4-41　创建零件

② 如图 4-42 所示,单击左侧"特征管理设计树"中的"前视基准面"图标,使其成为绘制平面。单击"标准视图"工具栏中"正视于"按钮,并单击"草图"工具栏中的"绘制草图"按钮,进入草图绘制状态。

③ 使用"草图"工具栏中的"圆弧""智能尺寸"工具,绘制图 4-43 所示的草图,单击"退出草图"按钮,退出绘制状态。

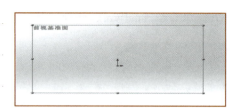

图 4-42　绘制草图准备

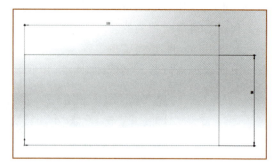

图 4-43　绘制草图 1

④ 单击"特征"工具栏中的"拉伸凸台/基体"按钮,在左侧"凸台拉伸"属性设置中,设置"终止条件"为"给定深度","深度"为 150 mm,单击"确定"按钮,生成拉伸特征,如图 4-44 所示。

⑤ 再选中前视基准面,并选择"草图→草图绘制"命令,选中的那个面上用"圆弧→智能尺寸"命令画出草图 2,如图 4-45 所示。

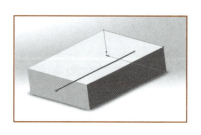

图 4-44　拉伸生成主体

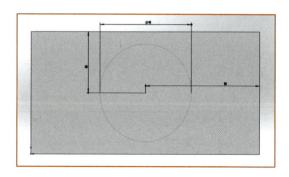

图 4-45　绘制草图 2

⑥ 同步骤④,拉伸凸台,单击"给定深度"左侧,选择"反向","深度"为 20 mm,生成图 4-46。

⑦ 同步骤⑤和⑥,在拉伸所形成的最上面的面绘制草图 3,如图 4-47 所示。

⑧ 在"特征"工具栏中单击"拉伸切除"按钮,在左侧的属性栏中设置"终止条件"中的"给定深度"为 30 mm,单击"确定"按钮,如图 4-48 所示,挖空内部。

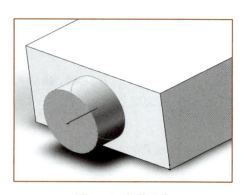

图 4-46　拉伸凸台

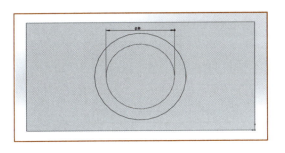

图 4-47 绘制草图 3

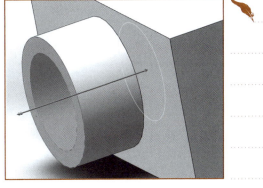

图 4-48 挖空内部

⑨ 按空格键,选择后视图,选中矩形面,绘制草图 4,如图 4-49 所示。

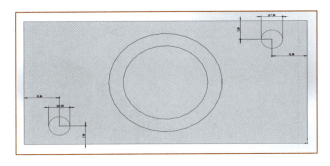

图 4-49 绘制草图 4

⑩ 选中草图 4,在"特征"工具栏中单击"拉伸切除"按钮,在左侧的属性栏中将"终止条件"中的"给定深度",设置为 40 mm,单击"确定"按钮,如图 4-50 所示,挖出两个孔。

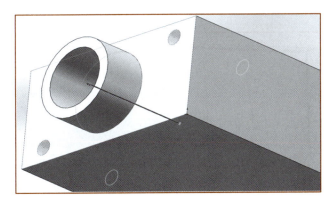

图 4-50 拉伸切除两个孔

⑪ 按空格键,选择正视图,绘制草图 5,与边缘限定条件为 1 mm,如图 4-51 所示。

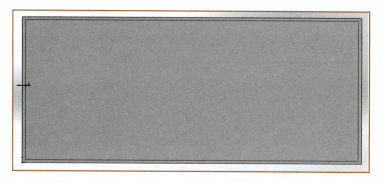

图 4-51   绘制草图 5

⑫ 利用"特征"工具栏中的"拉伸切除",将设置改为"给定深度"140 mm,勾选下方的"反侧切除"项,将草图 5 周围的实体切除,如图 4-52 所示。

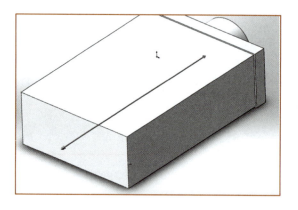

图 4-52   切除周边实体

⑬ 选择菜单栏中的"插入→特征→分割"命令,在"裁剪工具"中选择一个面,如图 4-53 所示。

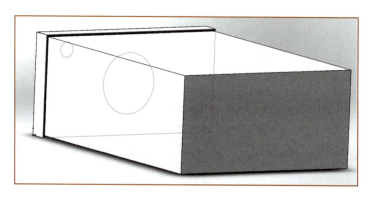

图 4-53   裁剪

如图 4-54 所示,单击下方的"切除零件"按钮,模型将被切成两个实体,显示在下方的"所生成的实体"框中。勾选两个文件,单击上方的绿色对号,完成分割。

⑭ 按空格键,单击正视图,选中第一个小矩形面,绘制图 4-55 所示的草图 6。

图 4-54　选择实体

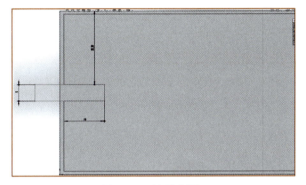

图 4-55　绘制草图 6

单击工具栏中的"镜像实体"按钮,在"要镜像的实体"中选中刚画好的草图,为 4 条直线,在下面的"镜像点"中选择中间的对称轴,单击上方对号,完成实体镜像,如图 4-56 所示。

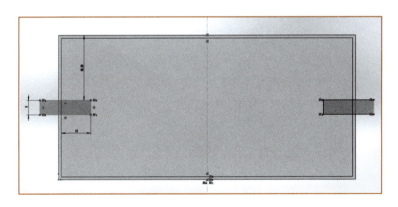

图 4-56　实体镜像

⑮ 利用"特征"工具栏中的"拉伸切除"功能,将设置改为"给定深度"140 mm,如图 4-57 所示,挖出两边的槽。

⑯ 按空格键,选择后视图,在第一个矩形上画出草图 7,如图 4-58 所示。

利用"特征"工具栏中的"拉伸切除"功能,将设置改为"给定深度"10 mm,如图 4-59 所示,挖出两边的槽。

⑰ 按空格键,选择右视图,在第一个矩形上画出图 4-60 所示的草图 8。

图 4-57　拉伸切除两侧槽 1

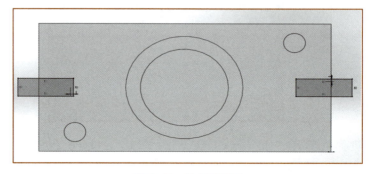

图 4-58　绘制草图 7

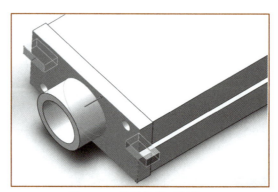

图 4-59　拉伸切除两侧槽 2

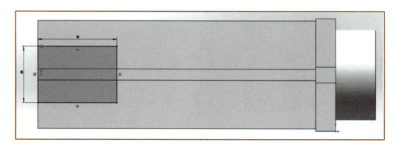

图 4-60　绘制草图 8

利用"特征"工具栏中的"拉伸切除"功能,将设置改为"完全贯穿",形成图4-61所示的特征。

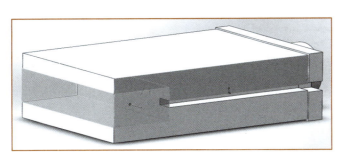

图4-61 拉伸切除前端槽

⑱ 按空格键,选择右视图,在第一个矩形上画出图4-62所示的草图9,并镜像实体。

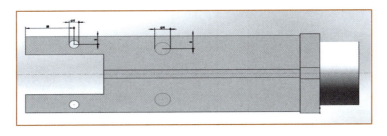

图4-62 绘制草图9并镜像实体

利用"特征"工具栏中的"拉伸切除"功能,将设置改为"完全贯穿",将"所选轮廓"中的草图9删除,单击草图9中的两个小圆,最后单击"确定"按钮,完成图4-63所示两个通孔。

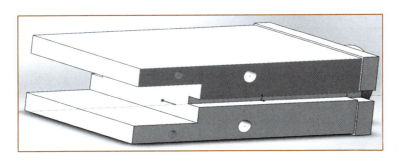

图4-63 拉伸切除两个通孔

同理,设计草图9中的大圆,"给定深度"为20 mm,将"所选轮廓"中的草图9删除,单击草图9中的两个大圆,最后单击"确定"按钮,完成后如图4-64所示。

⑲ 如图4-65所示,利用"特征"工具栏,单击"圆角下方"的小三角,选择"倒角"命令,在倒角参数中点选4个小圆,选择角度距离,设置为1 mm,角度为45°,单击"确定"按钮。

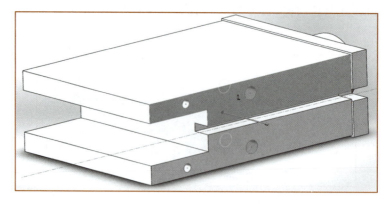

图 4-64　拉伸切除两圆形凹槽

同理,将两个大圆进行倒角,角度距离为 1.5 mm,如图 4-66 所示。

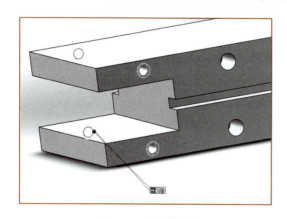

图 4-65　小圆倒角

图 4-66　大圆倒角

再将四周的四条棱倒角,角度距离为 1 mm,如图 4-67 所示。

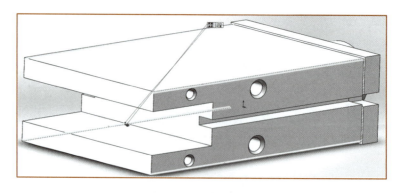

图 4-67　四条棱倒角

⑳ 按空格键,选择左视图,在最前面绘制图 4-68 所示的草图 10。

拉伸切除圆形凹槽,给定深度为 20 mm,如图 4-69 所示。

最后进行两个圆的倒角,角度距离为 1.5 mm,角度为 45°,如图 4-70 所示。

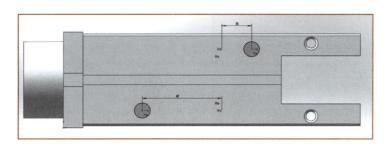

图 4-68 绘制草图 10

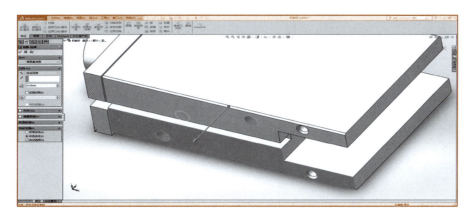

图 4-69 拉伸切除圆形凹槽

㉑ 按空格键,选择仰视图,在最前面绘制图 4-71 所示的草图 11,并镜像实体。

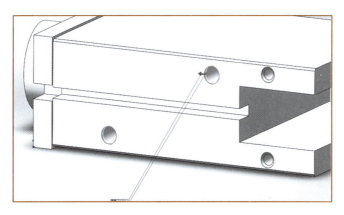

图 4-70 倒角

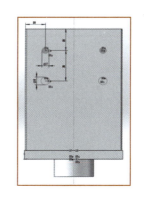

图 4-71 绘制草图 11 并镜像实体

同步骤⑱,分别将两个大圆和小圆拉伸切除,小圆完全贯通,大圆给定深度为 20 mm,如图 4-72 和图 4-73 所示。

对刚才形成的特征进行倒角,4 个小圆的角度距离 0.5 mm,两个大圆的角度距离 1 mm,角度均为 45°,如图 4-74 和图 4-75 所示。

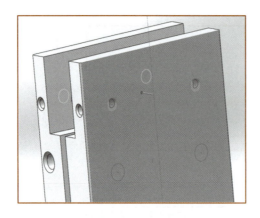

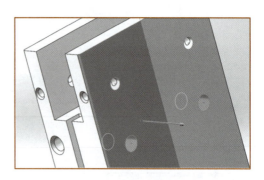

图 4-72   拉伸切除圆形凹槽 1   图 4-73   拉伸切除圆形凹槽 2

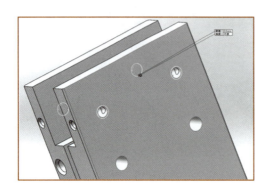

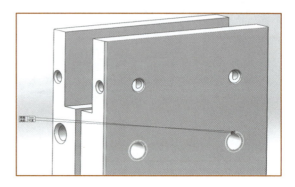

图 4-74   倒角 1   图 4-75   倒角 2

㉒ 按空格键,选择俯视图,同步骤⑱类似,利用"特征"中的"拉伸凸台/基体"功能,将草图 12 的小圆进行反向拉伸,条件为完全贯穿,如图 4-76 所示,拉伸出两个圆柱。

对 4 个小圆倒圆角,半径设置为 4 mm,如图 4-77 所示。

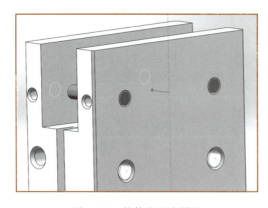

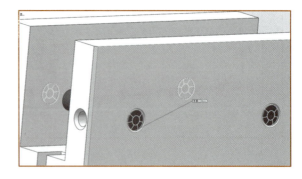

图 4-76   拉伸出两个圆柱   图 4-77   倒圆角

㉓ 再次选中草图 8,选择切除拉伸特征,完全贯穿,如图 4-78 所示,将中间的圆柱切除。

㉔ 按空格键,选择正视图,点选中间的面,绘制图 4-79 所示的草图 13。

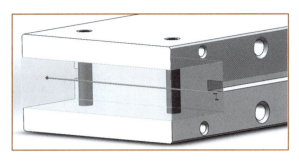

图 4-78　切除中间的圆柱

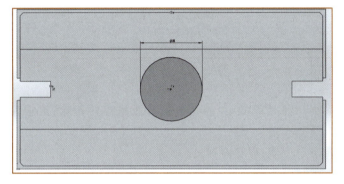

图 4-79　绘制草图 13

利用拉伸切除,给定深度 20 mm,如图 4-80 所示,再挖出一个圆孔。

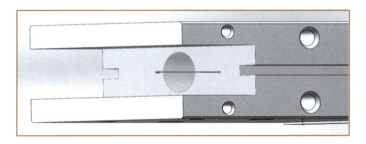

图 4-80　拉伸切除圆孔

㉕ 选中图 4-81 所示的面,绘制图 4-82 所示的草图 14,并镜像实体。

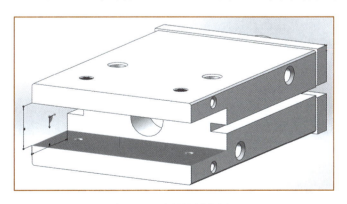

图 4-81　选择绘制草图面

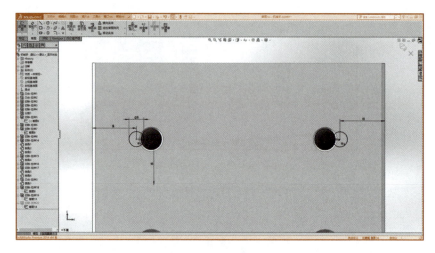

图 4-82   绘制草图 14 并镜像实体

利用切除拉伸分别对草图 14 的 4 个圆形凹槽拉伸切除,给定深度为 1 mm,如图 4-83 所示。

至此,主体部分已完成,保存并退出。

（2）完整的夹爪

① 新建零件,在前视面绘制图 4-84 所示的草图 1。

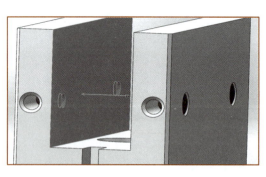

图 4-83   拉伸切除圆形凹槽

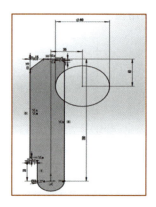

图 4-84   绘制草图 1

如图 4-85 所示,利用凸台拉伸,条件为两侧对称,给定 45 mm。

② 按空格键,选择左视图,选中最前面,在上面绘制图 4-86 所示的草图 2。

如图 4-87 所示,利用"切除拉伸"中的"反侧切除"功能,完全贯穿,将草图以外的部分切除。

③ 按空格键,选择右视图,选中最前面,绘制图 4-88 所示的草图 3。

如图 4-89 所示,利用"切除拉伸"功能,选择上半部分半圆孔,给定深度为 30 mm,挖空内部。

在菜单栏中选择"插入→特征→分割"命令,选择相应的面,单击"切除零件"按钮。

切割工具及局部如图 4-90 和图 4-91 所示。

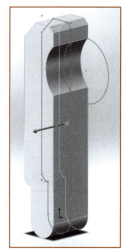

图 4-85 拉伸凸台形成主体

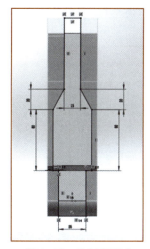

图 4-86 绘制草图 2

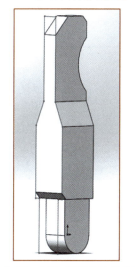

图 4-87 切除草图以外的实体

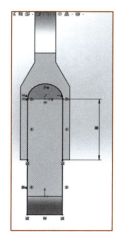

图 4-88 绘制草图 3

图 4-89 拉伸切除半圆孔

图 4-90 切割工具

切完之后生成许多零件,选中图 4-92 所示的零件即可,单击"确定"按钮。

图 4-91   切割工具局部

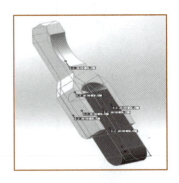

图 4-92   切割完成

④ 按空格键,选择右视图,在最前面绘制图 4-93 所示的草图 4。

切除拉伸,完全贯穿,生成图 4-94 所示通孔。

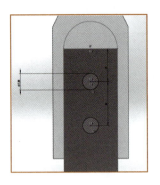

图 4-93   绘制草图 4

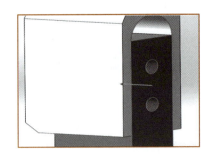

图 4-94   拉伸切除两个通孔

⑤ 按空格键,选择前视图,在特征树中选择前视基准面,绘制图 4-95 所示草图 6,直径为 5 mm 的圆。

如图 4-96 所示,利用凸台拉伸,条件为两侧对称,距离为 27 mm。

图 4-95   绘制草图 6

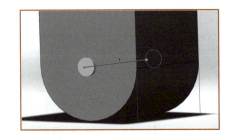

图 4-96   凸台拉伸

⑥ 按空格键,选择前视图,选择最前面大的面,绘制图 4-97 所示的草图 7。

如图 4-98 所示,利用凸台拉伸和反向拉伸,给定深度为 10 mm,挖出圆孔。

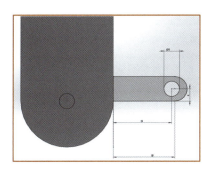

图 4-97　绘制草图 7

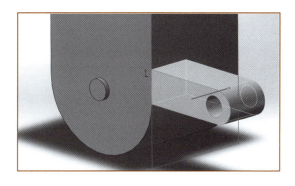

图 4-98　拉伸切除圆孔

利用凸台拉伸,轮廓只选草图 7 中的小圆,反向拉伸 12.5 mm,生成图 4-99 所示特征。

⑦ 按空格键,选择左视图,在最前面绘制图 4-100 所示草图 8。

如图 4-101 所示,利用切除拉伸,给定深度为 6 mm,切除多余部分。

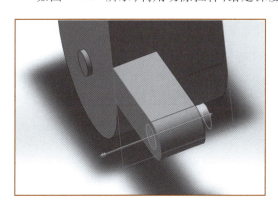

图 4-99　反向拉伸出凸台

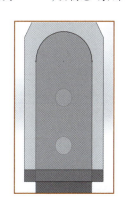

图 4-100　绘制草图 8

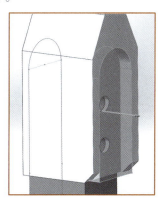

图 4-101　切除多余部分

至此,一个夹爪已经完成,保存并退出。

(3) 螺钉、气动装置

根据所需尺寸,利用切除拉伸、圆角等工具特征建出模型,效果如图 4-102、图 4-103 所示。

 微课
气动部件与螺钉
模型创建

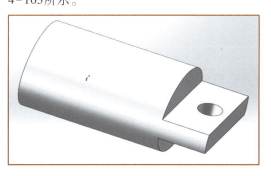

图 4-102　气动装置

图 4-103　螺钉

（4）新建一个装配体

① 单击"插入零部件"按钮,通过浏览零件保存位置,插入 1 个主体、2 个夹爪、1个气动装置、6 颗螺钉,将它们按照装配要求装配起来。最终效果如图 4-104、图4-105所示。

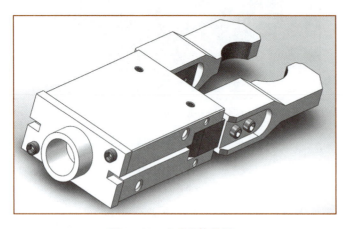
图 4-104　夹爪整体视图 1

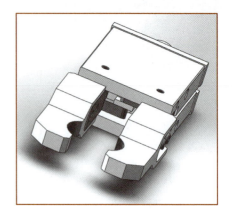
图 4-105　夹爪整体视图 2

② 将 SolidWorks 模型文件保存为 MotoSim EG-VRC 可以调用的".hsf"格式模型。打开图 4-106 所示机械手装配体。

③ 如图 4-107 所示,选择"文件→另存为"命令,在弹出的"另存为"对话框中选择保存路径,格式选择为".hsf",单击"保存"按钮即可。

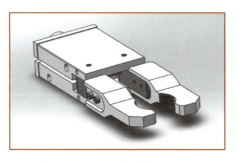
图 4-106　机械手装配体

图 4-107　保存为 HSF 文件

4.3.2　CATIA 模型构建和导入

1. CATIA 软件背景

CATIA 是法国达索公司的软件,支持项目前阶段,具体的设计、分析、模拟、组装、维护在内的全部工业设计流程。

模块化的 CATIA 提供产品的风格和外形设计、机械设计、设备与系统工程、管理数字样机、机械加工、分析和模拟。CATIA 基于开放式可扩展的结构。

CATIA 系列产品在以下领域提供 3D 设计和模拟功能:汽车、航空航天、船舶制造、厂房设计(主要是钢构厂房)、建筑、电力与电子、消费品、通用机械制造。

CATIA 软件分为 V4 版本和 V5 版本两个系列。V4 版本应用于 UNIX 平台,V5 版本应用于 UNIX 和 Windows 两种平台。

　　CATIA 提供方便的功能,迎合大、中、小型企业需要,从大型的波音 747 飞机、火箭发动机到化妆品的包装盒,几乎涵盖了所有的制造业产品。在世界上有超过 13 000 用户使用 CATIA。CATIA 源于航空航天业,但其强大的功能已得到各行业的认可。

　　V5 版本的开发始于 1994 年,可为数字化企业建立一个针对产品整个开发过程的工作环境。在这个环境中,可以对产品开发过程的各个方面进行仿真,并能够实现工程人员和非工程人员之间的电子通信。产品整个开发过程包括概念设计、详细设计、工程分析、成品定义和制造乃至成品在整个生命周期中的使用和维护。

　　CATIA V5 版本具有下列特点。

　　(1) 重新构造的新一代体系结构

　　为确保 CATIA 产品系列的发展,CATIA V5 新的体系结构突破传统的设计技术,采用了新一代的技术和标准,可快速地适应企业的业务发展需求。

　　(2) 支持不同应用层次的可扩充性

　　CATIA V5 可以对开发过程、功能和硬件平台进行灵活的搭配组合,可为产品开发链中的每个专业成员配置最合理的解决方案。允许任意配置的解决方案可满足从供货商到跨国公司的需要。

　　(3) 与 NT 和 UNIX 硬件平台的独立性

　　CATIA V5 是在 Windows NT 平台和 UNIX 平台上开发完成的,并在所有支持的硬件平台上具有统一的数据、功能、版本日期、操作环境和应用支持。CATIA V5 在 Windows 平台的应用可使用户更加简便地同办公应用系统共享数据;而 UNIX 平台上 NT 风格的用户界面,可使用户在 UNIX 平台上高效地处理复杂的工作。

　　(4) 专用知识的捕捉和重复使用

　　CATIA V5 可在设计过程中交互式设计,定义产品的性能和变化,提高设计的自动化程度,降低设计错误的风险。

　　(5) 给现存客户平稳升级

　　CATIA V4 和 V5 具有兼容性,两个系统可并行使用。新的 CATIA V5 用户可充分利用 CATIA V4 成熟的后续应用产品,组成一个完整的产品开发环境。

2. 建模示例

　　使用 CATIA 创建一个三维模型并转换为 HSF 文件。

　　① 首先打开 CATIA 软件,如图 4-108 所示。

　　② 单击"开始"按钮,新建一幅草图,如图 4-109、图 4-110 所示。把名字改为"焊接台"。

　　③ 在图 4-111 所示的草图主界面,按照图 4-112 所示尺寸画出焊接台,如图 4-113所示,再转换为 HSF 文件。

微课
界面介绍

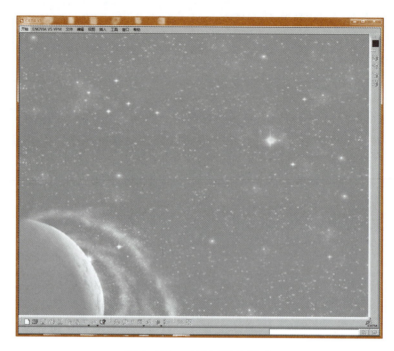

图 4-108　CATIA V5 主界面

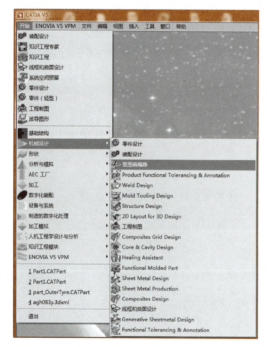

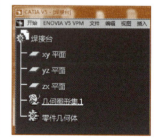

图 4-109　新建 CATIA 草图　　　　　　图 4-110　命名草图　　　　　图 4-111　草图主界面

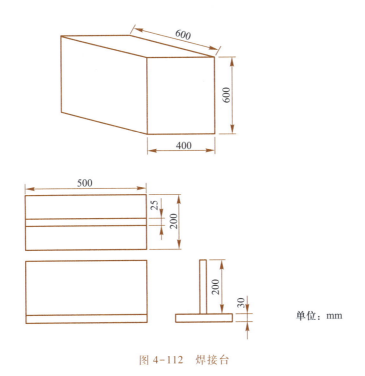

单位：mm

图 4-112 焊接台

④ 在 XY 平面开始画出尺寸为 600 mm×400 mm×600 mm 的焊接台。首先单击"矩形"按钮，画一个 600 mm×400 mm 的矩形。可以先大致画一个，然后通过尺寸的约束来调节刚才所画的矩形，如图 4-114 所示。

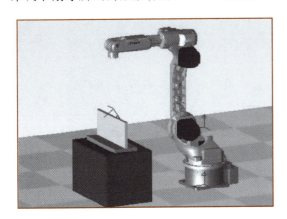

图 4-113 焊接台立体图

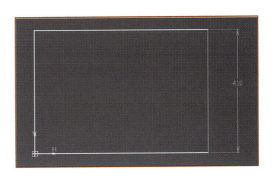

图 4-114 草图 1

⑤ 先把尺寸约束  选择上，然后单击 按钮，把刚才所画的矩形的四条边全部约束上。

如图 4-115 所示，590 mm×410 mm 的矩形即为所画图形。

⑥ 如图 4-116 所示，单击"编辑多重约束"按钮 来更改尺寸。

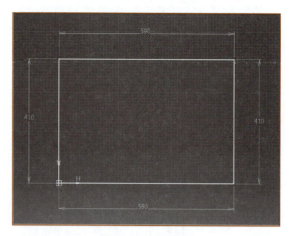

图 4-115 草图 2

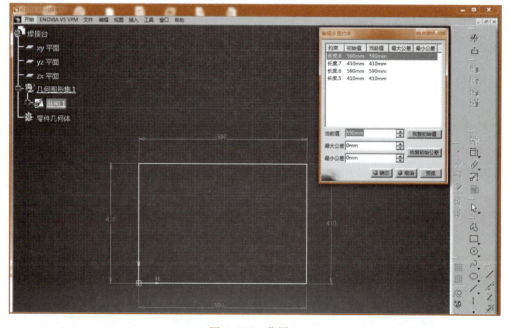

图 4-116 草图 3

⑦ 在图 4-117 所示对话框中把矩形尺寸改成 600 mm×400 mm，然后退出草图，把矩形进行拉升，如图 4-118 所示。在菜单栏单击"凸台"按钮 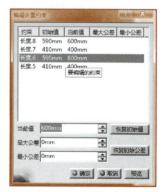，弹出图 4-119所示对话框。在"轮廓/曲面"选项区选择需要拉伸的草图，在"类型"下拉列表选择"尺寸"，长度设置为需要拉伸的长度，示例中设置成 600 mm，如图4-120 所示。

图 4-117 草图 4

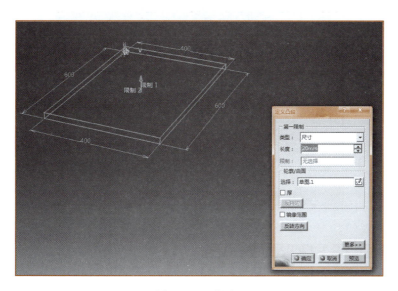

图 4-118　草图 5

图 4-119　凸台尺寸

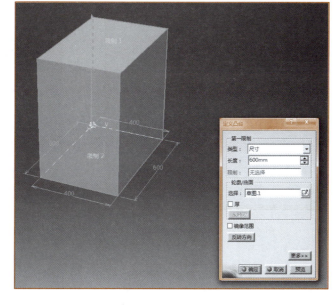

图 4-120　示例底座图

⑧ 接下来按照示例,把最下面的那个 BOX 设置成蓝色。双击焊接台,出现草图 1,在"零件几何体"图标上右击,在关联菜单中选择"属性"命令,在"图形"选项卡中,把颜色改成蓝色,如图 4-121 至图 4-123 所示。

⑨ 然后在第一个 BOX 即焊接台上绘制第二个 BOX 即焊接工件 1,如图 4-124 所示。再在第二个 BOX 上绘制第三个 BOX 即焊接工件 2,这样便绘出了示例图形,如图 4-125 所示。

微课
焊接工作台构建

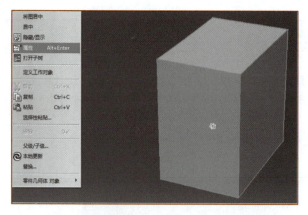

图 4-121　焊接台上色 1

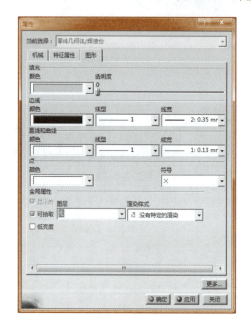

图 4-122　焊接台上色 2

图 4-123　焊接台底座上色 3

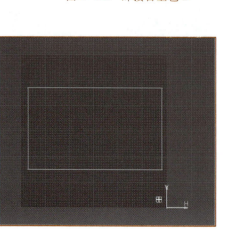

图 4-124　绘制焊接工件

图 4-125　完成绘制

⑩ 下面要把刚刚所绘的图形保存为 HSF 文件（MotoSim 仿真软件只能识别 HSF 格式的图形）。

微课
转换为 HSF 文件

⑪ 在主菜单栏选择"文件→另存为"命令，把文件名改为"焊接台"，在"保存类型"栏选择".hsf"，如图 4-126 至图 4-128 所示。

图 4-126　生成"焊接台.hsf"文件

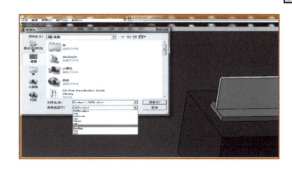

图 4-127　修改文件名和类型

⑫ 下面介绍如何用 CATIA 把由其他三维画图软件所画的图形转换为 HSF 文件。首先新建一个装配设计图，命名为"焊接台"。右击"焊接台"图标，选择"部件→现有部件"命令，如图 4-129 所示，打开"选择文件"对话框，如图 4-130 所示。

图 4-128　"焊接台.hsf"文件图标

图 4-129　新建装配体

图 4-130　"选择文件"对话框

⑬ 然后选择"焊接台.stp"文件图标 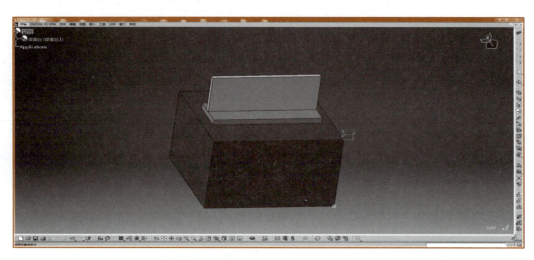，单击"确定"按钮。在菜单栏中选择"文件→另存为"命令，把文件类型改为".hsf"。生成的 HSF 文件如图 4-131 所示。

图 4-131　生成的"焊接台.hsf"文件

4.3.3　其他模型构建和导入

微课
其他模型构建与
导入

　　MotoSim EG-VRC 软件不仅可以导入 SolidWorks 和 CATIA 软件创建的外围设备模型，其他三维设计软件如 Creo 构建的工作站外围设备模型文件，转换为 HSF 格式后都可以导入离线环境，然后通过 MotoSim EG-VRC 对其进行位置设置等。

4.4　工作站模型整体构建

课件
工作站模型整体
构建

　　下面对一个弧焊工作站进行建模仿真，如图 4-132 所示。

微课
整体工作站模型
构建

图 4-132　弧焊工作站

① 首先按照下列步骤导入机器人。在 MotoSim EG-VRC 中选择"开始→New"命令,为文件命名,然后选择"Controller→New"命令,在弹出的对话框中选择"New VRC Controller(no file)"项,单击"OK"按钮。选择控制柜以及系统版本(选择 DX100 控制柜,系统版本为默认版本),单击"OK"按钮,然后进入"New Controller"对话框,如图 4-133 所示。

图 4-133 选择机器人

② 单击"Maintenance Mode Execute"按钮,进入维护模式。选择"SYSTEM→INITIALIZE"命令,设置"LANGUAGE1"为 ENGLISH,"LANGUAGE2"为"JAPANESE",按回车键,如图 4-134 至图 4-136 所示。

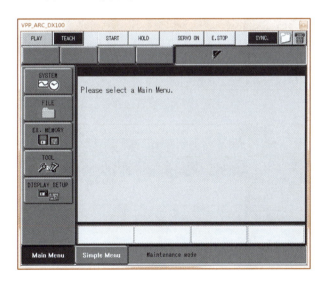

图 4-134 维护模式

③ 下面进行控制组设置。选择 R1 为 MA1400,R2 为 MH6,S1 为"TURN-1",按回车键,如图 4-137 至图 4-139 所示。

图 4-135　初始化设置

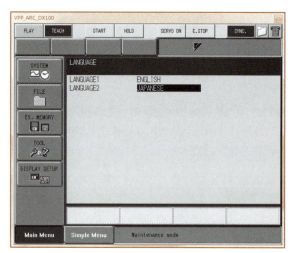

图 4-136　语言选择

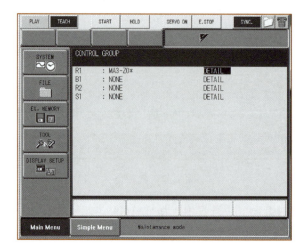

图 4-137　控制轴组设置

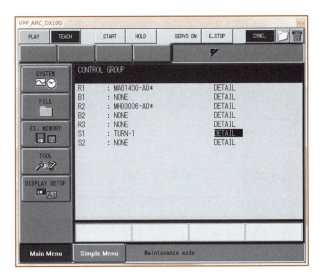

图 4-138 回转轴选择

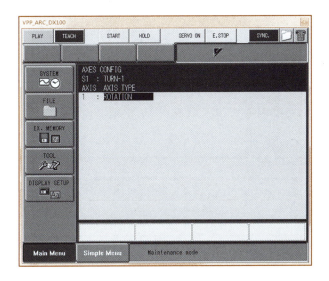

图 4-139 回转轴设置

④ 下面根据实际情况,设置外部轴的反转角度、加速度、型号,伺服电动机的型号、旋转方向、最大转速、加速度、惯性比,如图 4-140 至图 4-142 所示。设置完成后单击"YES"按钮。

⑤ 完成初始化设置后,弹出图 4-143 所示窗口。依次单击"Next""Next""OK"按钮后,弹出图 4-144 所示界面,单击"OK"按钮,确认对机器人的设置,模型导入效果如图 4-145 所示。

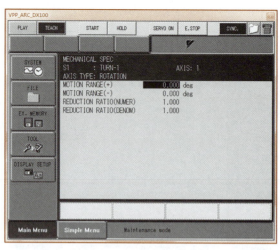

图 4-140　回转轴机械设置

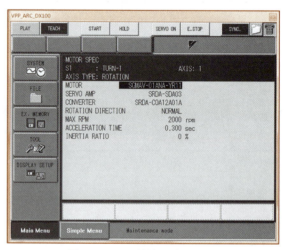

图 4-141　回转轴电动机设置

图 4-142　确认初始化完成

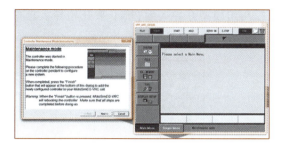

图 4-143　模型导入提示

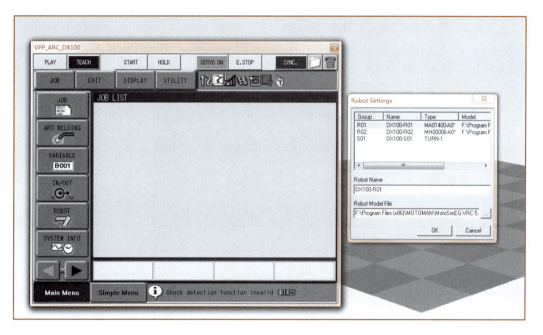

图 4-144　机器人设置确认

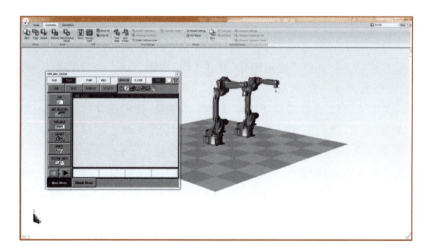

图 4-145　模型导入效果

⑥ 设置完机器人控制组模型并导入后,接下来开始导入已建好的外部设备模型。选择"Home→Model→CadTree"命令,如图4-146所示。

图4-146　选择"CadTree"命令

⑦ 在CadTree目录树(图4-147)上方单击"Add"按钮,会弹出"Add Model Dialog"对话框(图4-148),在"File Name"选项区中单击"..."按钮,选择模型所在路径(HSF),如图4-149所示。

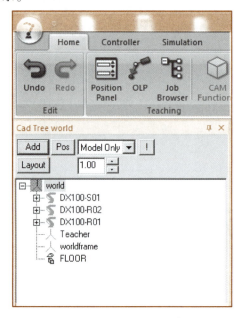

图4-147　CadTree目录树

⑧ 在弹出的"MotoSimEG"提示框中,单击"是"按钮,如图4-150所示,确认导入模型。导入的模型如图4-151所示。

⑨ 然后在图4-152的目录树上方单击"Pos"按钮,弹出图4-153所示的对话框。

⑩ 在X、Y、Z、Rx、Ry、Rz框中输入合适的数值,用于调节机械手和导入模型的相对位姿,如图4-154所示。调整完成后单击"OK"按钮。

⑪ 完成机器人控制组和外围设备模型的设置、导入、布局后,进行工具的设置。选择"Home-Model→Model Library"命令,在显示的"Category"下拉列表中选择"Torch",如图4-155、图4-156所示。

⑫ 根据实际需求选择焊枪的型号。图4-132中采用的是YMSA_308R。选择对应的焊枪,拖动到机械手T轴的中心,然后出现图4-157所示对话框,其中工具坐标的参数已经设置好,单击"OK"按钮。

图 4-148 添加对话框 1

图 4-149 添加对话框 2

图 4-150 确认导入

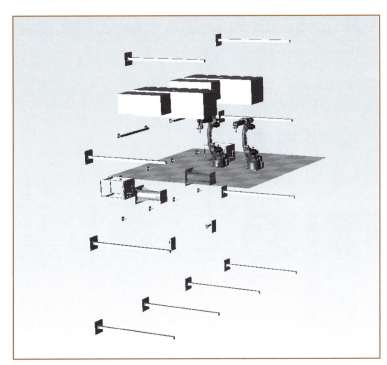

图 4-151 导入的模型

图 4-152 Cad Tree 目录树

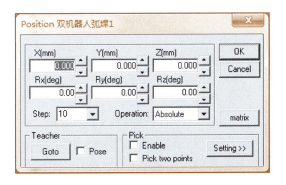

图 4-153 调整位姿 1

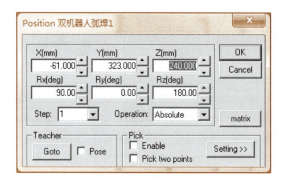

图 4-154 调整位姿 2

图 4-155 Model Library

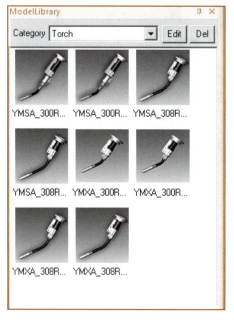

图 4-156 选择"Torch"项

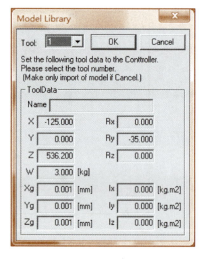

图 4-157 "Model Library"对话框

⑬ 下面进入维护模式,对双机器人协调的参数进行设置和更改。选择"Controller→Boot→Maintenance Mode"命令,如图 4-158 所示。

图 4-158 "Maintenance Mode"命令

⑭ 在出现的界面中选择"SYSTEM→SETUP→OPTION FUNCTION"命令,如图 4-159 所示。

⑮ 在图 4-160 所示界面修改 3 个参数值。

将"PARALLEL START INSTRUCTION"参数值改成 3。

将"COORDINATED INSTRUCTION"参数值改成"USED"。

将"EXTENDED CONTROLL GROUP"参数值改成"USED"。

其余不变。

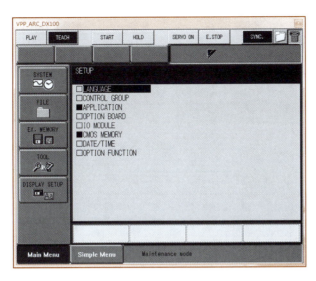

图 4-159　选择"OPTION FUNCTION"命令

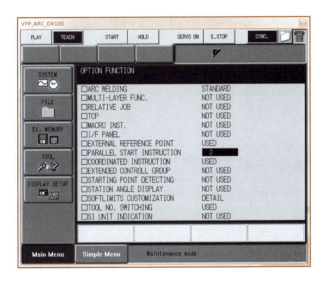

图 4-160　"OPTION FUNCTION"界面

⑯ 现在创建 R1 + S1 控制轴组。在主菜单中选择"SETUP → GROUP COMBINATION→ADD GROUP"命令,设置"NO. 1 CONTROL GROUP"为"R1","NO. 2 CONTROL GROUP"为"S1","MASTER"为"S1",然后单击"EXECUTE"按钮。以相同的方法创建 R2+S1 控制轴组,依次如图 4-161 至图 4-165 所示。

图 4-161　控制组设置 1

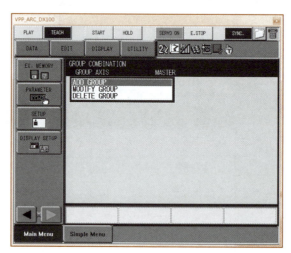

图 4-162　控制组设置 2

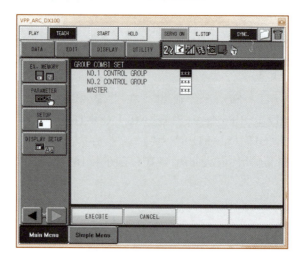

图 4-163　控制组设置 3

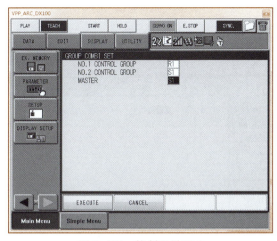

图 4-164 控制组设置 4

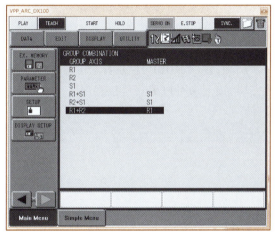

图 4-165 控制组设置 5

⑰ 接下来设置外部轴 S1 的操作键。在主菜单中选择"SETUP → JOG KEY ALLOC."命令,如图 4-166 所示,弹出图 4-167 所示界面。

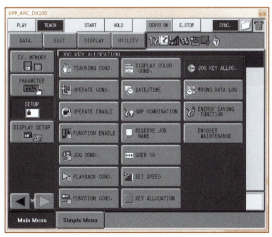

图 4-166 外部轴设置

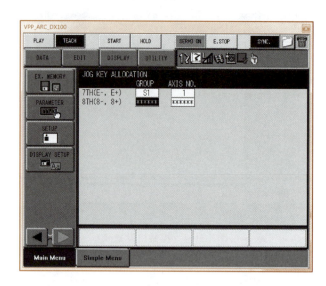

图 4-167   "7TH（E-，E+）"项

⑱ 对"7TH（E-，E+）"项，在"GROUP"栏选择"S1"，在"AXIS NO."栏选择"1"。

⑲ 整个模型构建完毕，接下来可以编写焊接程序。

第 **5** 章

工作站系统仿真编程

5.1 工业机器人仿真编程

课件
工业机器人仿真
编程

5.1.1 新建离线程序

① 在菜单栏中选择"Controller → VPP → SHOW → JOB →
CREATE NEW JOB"命令,如图 5-1 所示。

微课
新建离线程序

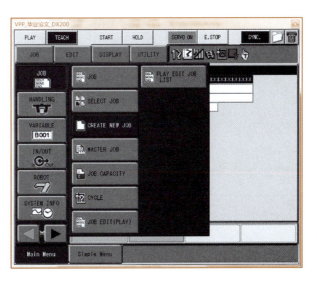

图 5-1 新建离线程序

② 在弹出的界面中输入程序名,如图 5-2 所示。

图 5-2　输入程序名

③ 完成后显示如图 5-3 所示。

图 5-3　完成新建程序

5.1.2　机械手和外部设备 I/O 关联

微课

机械手和外部设备
的 I/O 关联

1. 机械手 I/O 信号的建立

① 选择菜单栏中的"Simulation→I/O Settings→I/O Event Manager"命令,如图 5-4 所示。在弹出的"I/O Events"对话框中单击"ADD"按钮,弹出"I/O Event Property"对话框,如图 5-5 所示。选择控制器为"DX200","I/O Signal"为"#20010","Condition"为"ON",在"Run Script"下拉列表中选择运行脚本"OPEN_DOOR_1",单击"OK"按钮后的结果如图 5-6 所示。

② 用同样的方法建立与机械手相关的其他 I/O 关系。

图 5-4　设置 I/O　　　　　　　　图 5-5　新建 I/O

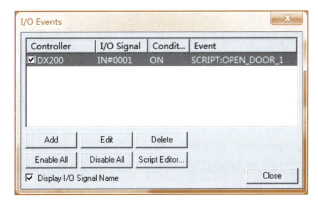

图 5-6　完成 I/O 建立

2. 机械手和皮带关系的建立

① 选择菜单栏中的"Simulation→I/O Settings→I/O Connection Manager"命令,如图 5-7 所示。单击"ADD"按钮,如图 5-8 所示,添加关系。添加后的结果如图 5-9 所示。

② 当机械手 OUT#(10)＝ON 时,皮带线 1 开始运动(在实际的生产过程中,皮带线的动作只受控于 PLC,和机械手没有直接的关联)。

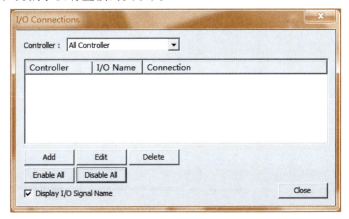

图 5-7　新建脚本　　　　　　　　图 5-8　加入脚本

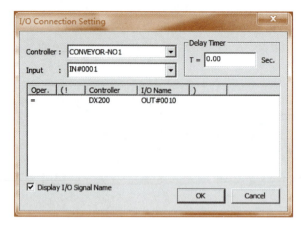

图 5-9   完成脚本的建立

3. 机械手和机床信号的关联（脚本程序）

在实际生产过程中，机床也只受控于 PLC，和机械手信号没有直接关联。

当 DOUT #(03) = ON 时，机床 1 门打开。当 DOUT #(03) = OFF 时，机床 1 门关闭。当 DOUT #(04) = ON 时，机床 2 门打开。当 DOUT #(04) = OFF 时，机床 2 门关闭。

① 选择"I/O Settings→I/O Event Manager"命令，选择控制器为"DX200"，I/O 信号为"#20032(out3)"，"Condition"为"ON"。输入运行脚本"OPEN_DOOR_01"，同理选择"Condition"为"OFF"，输入运行脚本"CLOSE_DOOR_01"。机床 2 的信号设置同此。

② 选择菜单栏中的"Simulation→Model Simulation→Model Script Manager"命令，在弹出的对话框中单击"ADD"按钮，输入脚本程序名"OPEN_DOOR_01"，单击"OK"按钮，双击对话框右边的"Model Instruction"，选择 CAT，选择"model"为机床门，"startpos"为 0，"endpos"为 370(具体数值根据布局来设定)，时间为 0~200ms，单击"ADD"按钮，再单击"Save"按钮，如图 5-10 所示。

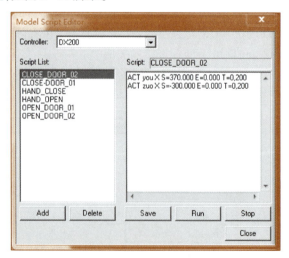

图 5-10   信号关联

在菜单栏选择"开始"命令，机械手便能根据已编写的脚本程序和示教程序开始运动。保存该项目。

完成工作站系统整体建模、编程后,就要进行整体仿真,确认模型的功能是否同设想的系统功能相符合,模型是否同想构建的模型相符合,产品的处理时间、流向是否正确等。具体包括:确认模型是否能够正确反映现实系统,评估模型仿真结果的可信度有多大等。

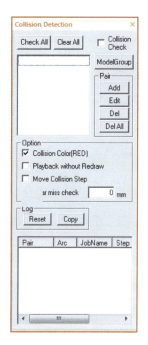

课件
工作站系统整体仿真

工业机器人工作站系统整体仿真主要包括碰撞检测、运行时间、I/O监视等。

1. 碰撞检测

工业机器人三维仿真中的碰撞检测所提供的距离信息,对实现机器人与环境物体之间以及机器人自身关节之间的避碰有重要作用,是机器人执行任务和路径规划的基础。因此,一个完善的机器人仿真系统必须能进行实时的碰撞检测,包括机器人与环境之间的碰撞检测以及机器人各关节之间的碰撞检测。

在 MotoSim EG-VRC 中打开要仿真的工作站,选择"Simulation→Collision Detection Collisions"命令,弹出碰撞检测设置对话框,如图 5-11 所示。

设置好碰撞检测后,运行程序。如果机械手发生了碰撞,在碰撞日志中可以看到机械手在第几步发生了碰撞,然后对这一步进行相应的修改。

2. 运行时间

运行时间功能可以测试出机器人在工作站中每个工序的具体运行时间。若不符合要求,可以更改机器人在相应时间段的运行速度。需要用到两个指令,见说明书中的"RPT:LAP=START"和"RPT:LAP=STOP"。如果没有出现时间,可能是软件参数被更改,需要改回来。

图 5-11 碰撞检测
设置对话框

3. I/O 监视

I/O 监视功能用于监视系统运行过程中 I/O 信号的状态是否正常。选择"Simulation→I/O Monitor"命令,弹出 I/O 监视界面,如图 5-12 所示。

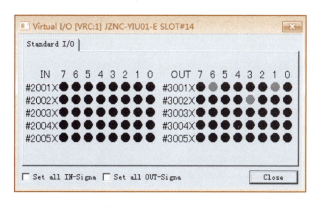

微课
工作站系统整体仿真

图 5-12 I/O 监视界面

第 **6** 章

工作站系统仿真应用

6.1　喷涂工作站建模

6.1.1　导入喷涂机械手、喷枪和外围设备

① 添加 MPX1150 机械手,在图 6-1 所示对话框中选择"Application"为"PAINT",如图 6-1 所示。

课件
喷涂工作站建模

图 6-1　添加机械手

② 导入外部设备,调整到合适位置,效果如图 6-2 所示。

③ 添加喷枪,效果如图 6-3 所示。

④ 调整夹具 TCP,如图 6-4 所示。

图 6-2　导入外部设备

图 6-3　添加喷枪

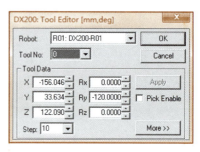

图 6-4　调整夹具 TCP

6.1.2　添加外部轴转台

① 选择"Controller→Boot→Maintenance Mode"命令,进入维护模式,如图 6-5 所示。

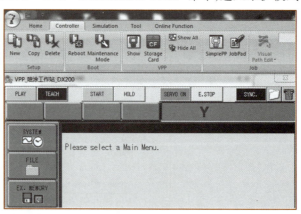

图 6-5　进入维护模式

② 单击"SYSTEM"按钮,再单击"SETUP"按钮,设置界面如图 6-6 所示。

③ 选择控制轴组,如图 6-7 所示。

④ 选择"TURN-1",按回车键,然后设置参数,如图 6-8 所示。

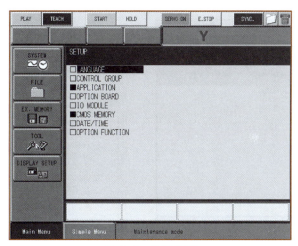

图 6-6　设置界面

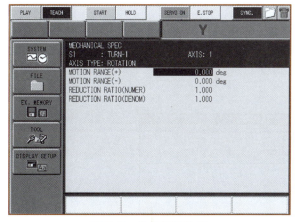

图 6-7　选择控制轴组

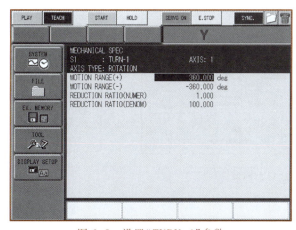

图 6-8　设置"TURN-1"参数

⑤ 根据实际情况设置转台的参数,包括正反转度数、电子齿轮比、电机型号、放大器型号等,如图 6-9 所示。

⑥ 选择"DX200-S01_ex1",如图 6-10 所示。

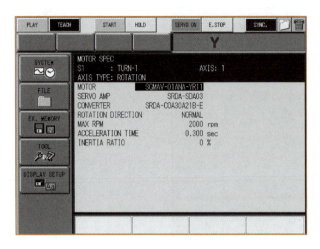

图 6-9 设置转台的参数

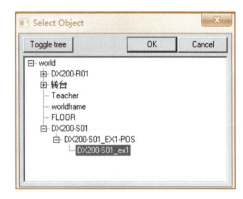

图 6-10 选择"DX200-S01_ex1"

⑦ 单击"Pos"按钮,调整外部轴 S1 原点位置,如图 6-11 所示。

⑧ 选择"转台"图标,如图 6-12 所示,单击鼠标右键,在关联菜单中选择"Model Attribute Set Parent"命令。

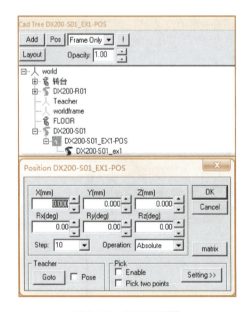

图 6-11 调整外部轴

图 6-12 转台

6.1.3 设定喷涂雾化范围和着色效果

① 选择"Simulation→Settings"命令,弹出"PaintPanel"对话框,如图 6-13 所示。

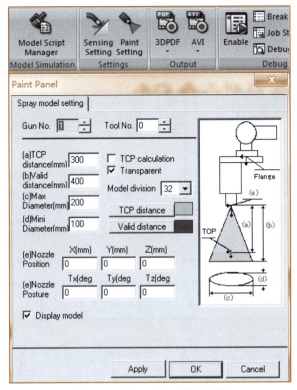

图 6-13   "Paint Panel"对话框

② 根据喷枪实际情况进行设置,如喷枪的雾化范围,然后单击"OK"按钮,完成设置,如图 6-14 所示。

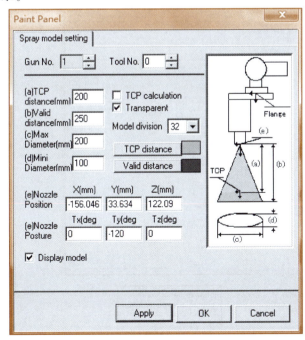

图 6-14   设置喷枪参数

③ 运行时的喷涂动画效果如图 6-15 所示。

④ 显示设置如图 6-16 所示。

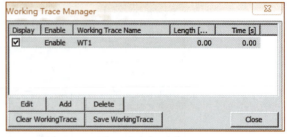

图 6-15   喷涂动画效果   图 6-16   显示设置

⑤ 取消勾选"Display"栏。选择"Monitor→Working Trace"命令,在弹出的对话框中单击"Edit"按钮,弹出"Working Trace Property"对话框。选中"Instruction of working"复选框,在"Start"下拉列表中选择"SPYON",在"GUNNO"文本框中输入"1",如图6-17所示。

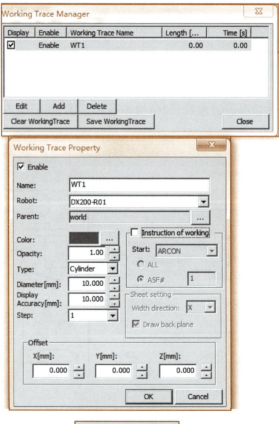

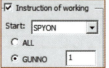

图 6-17   显示设置过程

6.1.4 创建喷涂程序

喷涂程序如图 6-18 所示。

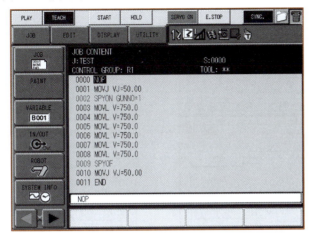

图 6-18 喷涂程序

6.2 码垛工作站建模

6.2.1 导入机械手和码垛外围设备

课件
码垛工作站建模

新建工作站,并命名为"搬运工作站"。选择 DX200 控制柜和 MS165 机械手,软件
版本选择为"通用"。导入机械手、夹具、产品、栈板,如图 6-19 所示。

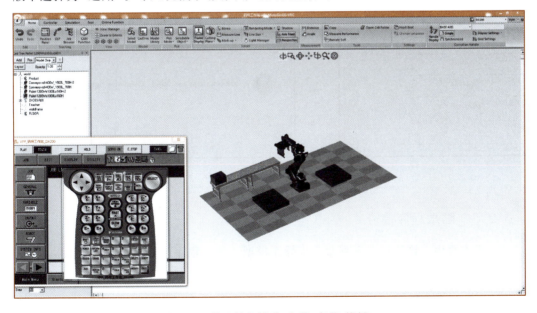

图 6-19 导入的机械手、夹具、产品、栈板

6.2.2　建立机械手工具坐标和用户坐标

　　在菜单栏中选择"Controller→Tool Data"命令,在弹出的对话框中新建工具坐标系,如图 6-20 所示。

　　输入工具中心的尺寸,如图 6-21 所示,然后单击"OK"按钮。

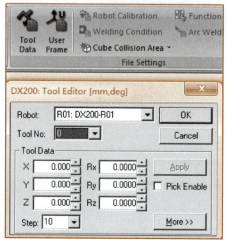

图 6-20　新建工具坐标系

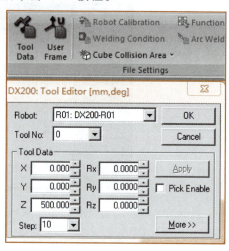

图 6-21　输入工具中心尺寸

　　选择"Controller→User Frame"命令,打开用户坐标,如图 6-22 所示。选择"User Frame"用户坐标序号,单击"Add"按钮来添加。选中"Pick 3 points"三点示教复选框,单击"OK"按钮,弹出确认对话框,如图 6-23 所示,单击"是"按钮,效果如图 6-24 所示。

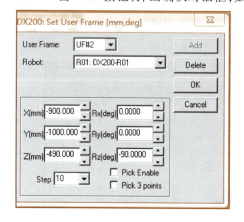

图 6-22　用户坐标

图 6-23　确认对话框

6.2.3　脚本程序简介

　　脚本程序允许通过一系列命令来操作模型。脚本程序可通过脚本编辑器执行,也可通过 I/O 事件管理器执行。脚本编辑器如图 6-25 所示。

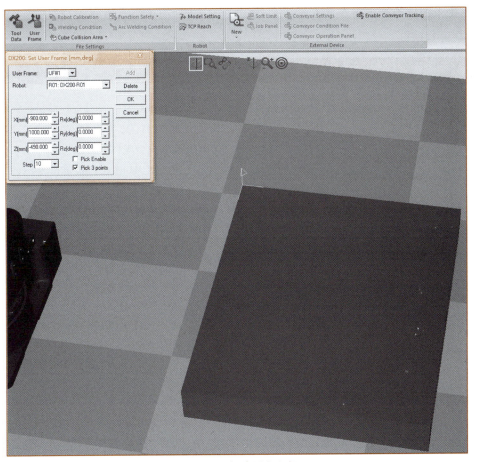

图 6-24　新建用户坐标

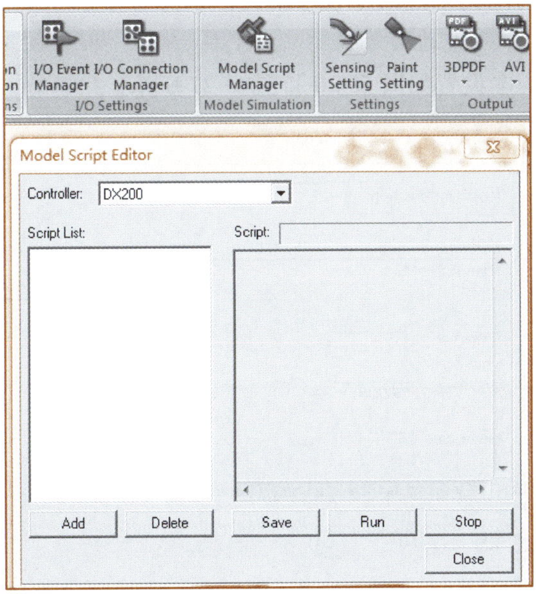

图 6-25　脚本编辑器

脚本程序中常用命令见表6-1。

表6-1 脚本程序中常用命令

序号	命令	功能	命令行	说明
1	SEE	显示模型	SEE M1	显示模型 M1
2	HID	隐藏模型	HID M1	隐藏模型 M1
3	MOV	模型移动	MOV M1 M2	移动 M1,M2 作为 M1 的父级,但不会改变模型 M1 的位置
4	AXIS6	模型移动	AXIS6 M1 = x,y,z, Rx,Ry,Rz	把模型 M1 移动到指定位置(x,y,z, Rx,Ry,Rz)
5	ADDX6	模型移动	ADDX6 M1 = x,y,z, Rx,Ry,Rz	把模型 M1 基于当前位置移动(x,y,z, Rx,Ry,Rz)距离
6	DUP	模型复制	DUP M1 M2	把模型 M1 复制一份并命名为 M2
7	REF	模型复制	REF M1 M2	把模型 M1 复制一份并命名为 M2(数据信息不会被保存)
8	DEL	模型删除	DEL M1	删除模型 M1
9	ACT	主动控制技术	ACT M1 D S=P1 E=P2 T=T1,T2	把 M1 路径设为沿着 D 从 P1 到 P2,起始时间为 T1,结束时间为 T2
10	OUT	控制输出信号	OUT C1 #(20030)= ON	控制器 C1 的 I/O 信号#20030 为 ON

6.2.4 脚本程序编写

在用 MotoSim EG-VRC 创建的码垛仿真工作站中,机械手夹具的打开和闭合,模型物体的移动、隐藏和消失,流水线的动态效果等,对整个工作站的仿真效果起到了关键作用。

这些对模型的操作,是通过脚本程序中的一系列脚本指令来实现的。脚本指令是在 MotoSim EG-VRC 中实现动画效果的高效工具。

① 机械手夹具脚本设置如图6-26和图6-27所示。

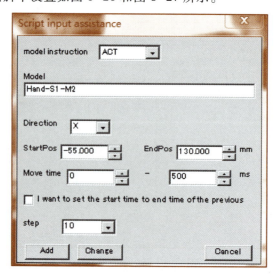

图6-26 Tool_ON

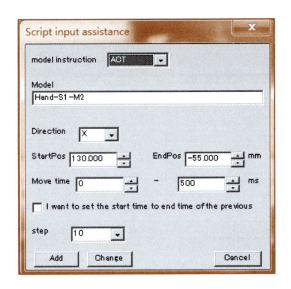

图 6-27　Tool_OFF

② 编写流水线程序。

③ 复制模型后,将得到的模型位置设为(0,0,0,0,0,0)。编写移动模型程序,如图 6-28 所示。

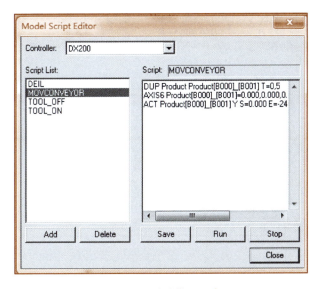

图 6-28　移动模型程序

④ 编写删除模型程序,如图 6-29 所示。

6.2.5　关联脚本程序和机械手 I/O

选择"Simulation→I/O Settings→I/O Event Manager"命令,打开 I/O 事件管理器,设置关联脚本程序和机械手 I/O,如图 6-30 所示。

图 6-29 删除模型程序

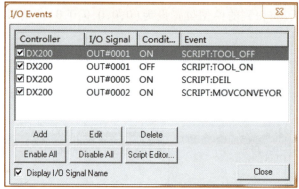

图 6-30 I/O 事件管理器

6.2.6 码垛程序编写

1. 主程序

```
NOP
    CALL JOB:INIT
    IFTHENEXP IN#(10)= OFF ANDEXP IN#(11)= OFF
        CALL JOB:PICK
        CALL JOB:PLACE_LEAF IF IN#(10) = OFF
        CALL JOB:PLACE_RIGHT IF IN#(11) = OFF
    ENDIF
    PAUSE
```

END

2. 初始化

NOP

    SUB P000 P000

    SUB P001 P001

    SUB P002 P002

    SUB P003 P003

    SUB P010 P010

    SUB P011 P011

    SUB P012 P012

    SUB P013 P013

    CLEAR B000 3

    CLEAR B010 3

    WHILEEXP B020>0

        PULSE OT#（5）T＝0.01

        TIMER T＝0.01

        DEC B020

    ENDWHILE

    SETE P001（1）100000

    SETE P011（1）100000

    SETE P002（2）150000

    SETE P012（2）150000

    SETE P003（3）100000

    SETE P013（3）100000

END

3. 抓取程序

NOP

    MOVJ C00000 VJ＝50 //Pick Saft

    MOVL C00001 V＝300 PL＝0 //Pick Point

    DOUT OT#（1）ON //Tool Close

    TIMER T＝0.5

    MOVL C00002 V＝500 //Leave Saft

    MOVJ C00003 VJ＝50 //Wait Place

END

4. 放置程序

（1）左边栈板放置程序

NOP

    IFTHENEXP B002>2

        DOUT OT#（10）ON

```
                    RET
                ENDIF
                MOVJ C00000 VJ = 50. 00 //Wait Point
                MOVL C00001 V = 500. 0
                SFTON P000 UF#(1)
                MOVL C00002 V = 100. 0 PL = 0 //Place point
                DOUT OT#(1) OFF
                PULSE OT#(2) T = 0. 10
                TIMER T = 0. 50
                INC B20
                MOVL C00003 V = 100. 0
                MOVL C00004 V = 100. 0 //Place Saft
                SFTOF
                INC B000
                ADD P000 P001
                IFTHENEXP B000>3
                    SUB P000 P000
                    ADD P000 P002
                    SET B000 0
                    INC B001
                ENDIF
                IFTHENEXP B001>3
                    SUB P000 P000
                    ADD P000 P003
                    SET B001 0
                    INC B002
                ENDIF
                MOVJ C00005 VJ = 50. 00 //Wait Point
            END
```

（2）右边栈板放置程序

```
            NOP
                IFTHENEXP B012>2
                    DOUT OT#(11) ON
                    RET
                ENDIF
                MOVJ C00000 VJ = 50. 00    //Wait Point
                MOVL C00001 V = 500. 0
                SFTON P010 UF#(2)
                MOVL C00002 V = 100. 0 PL = 0    //Place point
```

```
          DOUT OT#(1) OFF
          PULSE OT#(2) T=0.10
          TIMER T=0.50
          INC B20
          MOVL C00003 V=100.0
          MOVL C00004 V=100.0   //Place Saft
          SFTOF
          INC B010
          ADD P010 P011
          IFTHENEXP B010>3
            SUB P010 P010
            ADD P010 P012
            SET B010 0
            INC B011
          ENDIF
          IFTHENEXP B011>3
            SUB P010 P010
            ADD P010 P013
            SET B011 0
            INC B012
          ENDIF
          MOVJ C00005 VJ=50.00   //Wait Point
        END
```

6.3　同步焊接工作站建模

课件
同步焊接工作站
建模

6.3.1　导入机械手和外部工装轴

下面导入 MH12 机械手和外部轴(2 轴)。

① 进入 MotoSim EG-VRC 主窗口,如图 6-31 所示。

② 单击左上角的机器人标志,选择菜单中的"New"命令,新建工作站,如图 6-32 所示。

③ 将新工作站命名为"焊接工作站",然后单击"Open"按钮,即可创建工作站,如图 6-33 所示。

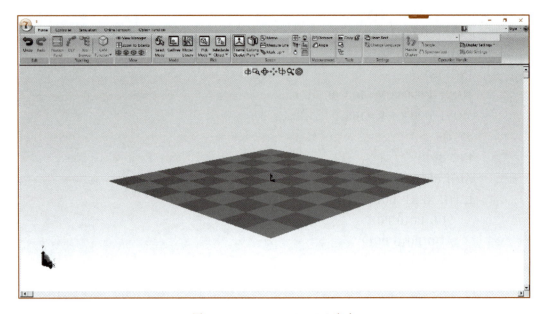

图 6-31　MotoSim EG-VRC 主窗口

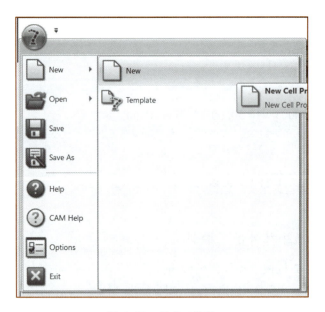

图 6-32　新建工作站

④ 选择"Controller→New"命令,在弹出的对话框中单击"OK"按钮,如图 6-34
所示。图中"New VRC Controller(no file)"表示不使用 COMS. bin 文件创建的虚拟
控制器,"VRC Controller(using file)"表示使用 COMS. bin 文件创建新的虚拟控
制器,"VRC Controller(Network)"表示使用以太网和柜体连接创建新的虚拟控
制器。

图 6-33 创建工作站

⑤ 选择控制柜型号,然后单击"OK"按钮,如图 6-35 所示。

图 6-34 创建控制器

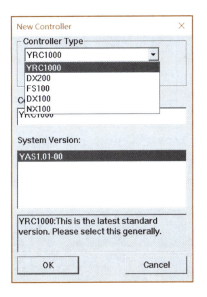

图 6-35 选择控制柜型号

⑥ 设置机械手语言、型号、系统软件包,在"Language"选项区选择语言种类。将 R1 选择为"MA1440/MH12-A0*(MH12)"项。在"Application"下拉列表中选择"ARC" (焊接),如图 6-36 所示。然后单击"Standard Setting Execute"按钮。

⑦ 新建的机械手信息如图 6-37 所示。

⑧ 给机械手添加焊枪,在"Home"菜单栏,选择"Model"组下面的"Model Library", 如图 6-38 所示。

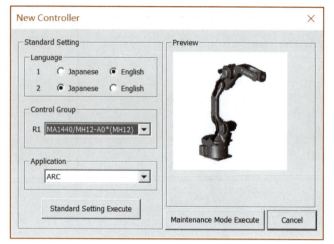

图 6-36　设置语言、型号、系统软件包

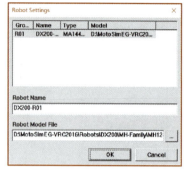

图 6-37　新建的机械手信息

⑨ 在图 6-39 所示"Category"下拉菜单中选择"Torch"下面的"YMSA_308R_TCP"。BASE＝底座,Torch＝焊枪,Controller＝控制柜,Conveyor＝输送机,Hand＝夹具,Palette＝调色板,PEOPLE＝人,Reach Area＝可达范围,Safty Fence＝安全栅栏,Tip dresser＝工具台,Welder＝焊机。

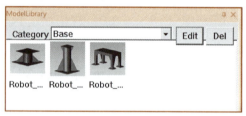

图 6-38　Category 下拉菜单

图 6-39　选择 YMSA_308R_TCP

⑩ 将"YMSA_308R_TCP"通过鼠标拖动至机械手法兰盘中心,单击"OK"按钮,如图 6-40 所示。

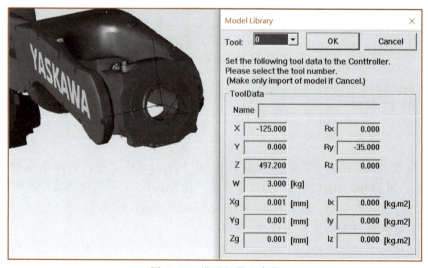

图 6-40　设置机器人参数

⑪ 找到"HOME"一栏中的"Model"中的结构树"CadTree",并打开,在桌面单击需要导入的模型,直接拖进软件窗口,选择放在"WORD"下面,单击"OK"按钮即可,如图6-41所示。

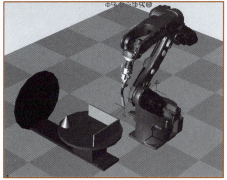

图 6-41 界面

6.3.2 添加同步协调选项

① 选择"Controller→Boot→Maintenance"命令,进入机械手维护模式,如图 6-42所示。

图 6-42 机械手维护模式

② 选择"SYSTEM→SETUP→显示设置界面"命令,带有■符号的项目不可选。主菜单包括系统设置、文件设置、外部储存、工具设置、显示设置。"SYSTEM"为系统,其中包括初始化、设置、版本、控制柜信息、报警历史、安全一系列设置。"File"为文件,包括初始化文件设置。"EX. MEMORY"为存储,包括负载、设备、文件夹设置。"TOOL"为工具,包括语言设置。"DISPLAY SETUP"为显示设置,包括更改字体、更改按钮、初始化布局设置,如图 6-43 所示。

③ 在图 6-44 所示界面选择"TURN-2"(回转 2)。

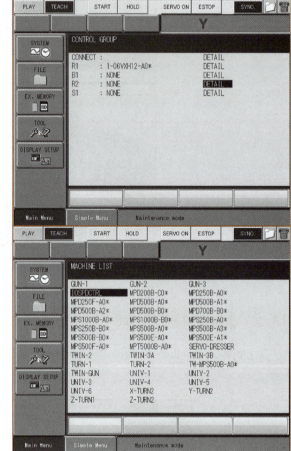

图 6-43   设置界面   图 6-44   选择"TURN-2"(回转 2)

④ 选择轴型后继续其他设置,如图 6-45 所示。

⑤ 设定外部轴的参数(其中"OFFSET"为轴 1 和轴 2 的偏移值)。"MOTION RANGE(+)"为运动范围 +,"MOTION RANGE(-)"为运动范围 -。"REDUCTION RATIO(NUMER)"和"REDUCTION RATIO(DENOM)"为减速比。设置外部轴伺服电机参数,仿真软件中用默认设置即可。在实际生产过程中一定要根据现场实际情况设置,数据不正确会导致机械手报警,严重会损坏机械手板卡。设置外部轴伺服电机参数,仿真软件中用默认设置即可。在实际生产过程中一定要根据现场实际情况设置,如果数据不正确会导致机械手报警,严重时可能会损坏机械手板卡设置,如图 6-45 和图 6-46 所示。

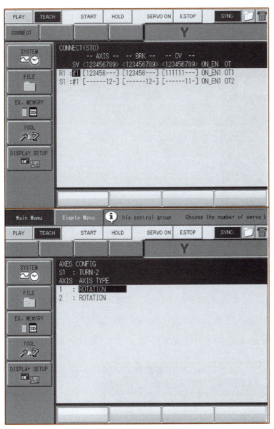

图 6-45　其他设置 1

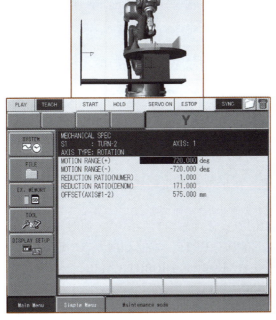

图 6-46　其他设置 2

⑥ 选择"SYSTEM→SETUP→OPTION FUNCTION"命令,如图6-47所示。

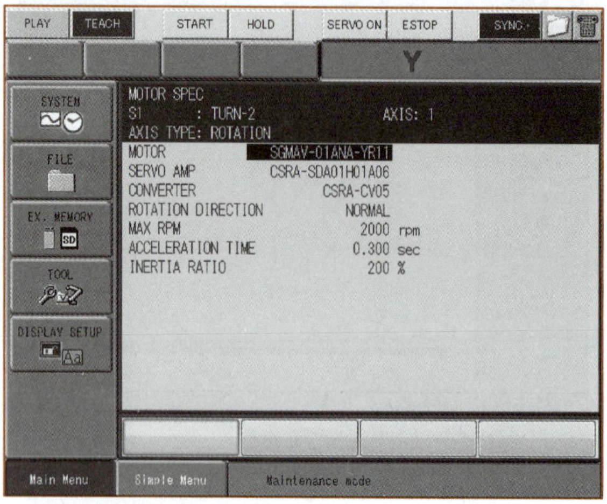

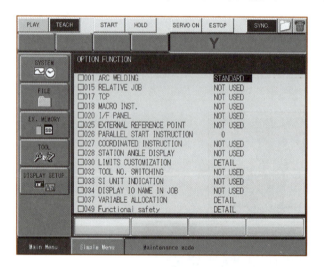

图6-47　选择"OPTION FUNCTION"命令

⑦ 连续按回车键,设置外部轴完成,更改"COORDINATED INSTRUCTION"为"USD",如图6-48所示。

⑧ 单击"END"按钮,退出维护模式,如图6-49所示。

图6-48　设置外部轴 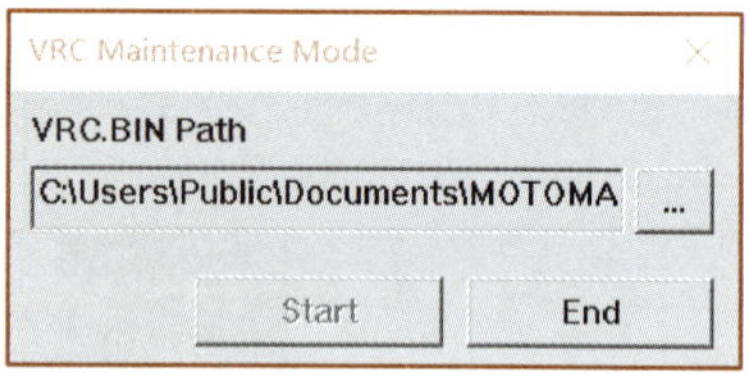　　　　　　图6-49　退出维护模式

⑨ 添加控制轴组。在示教器的机械手主菜单中选择"SETUP→GRP COMBINA-TION"命令,如图6-50所示。

⑩ 选择"ADD GROUP"(添加轴组)项并设置,如图6-51所示。

⑪ 设置完成后,单击"EXECUTE"按钮,如图6-52所示。

⑫ 校准工装轴。选择"ROBOT→ROBOT CALIB"命令,对机械手和外部工装轴进行标定,如图6-53所示。

⑬ 显示选择对话框,选择标定序号01,如图6-54所示,选择校准控制轴组。

图 6-50 "GROUP COMBINATION"界面

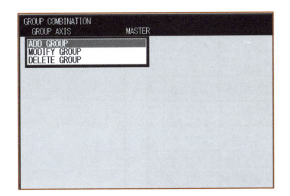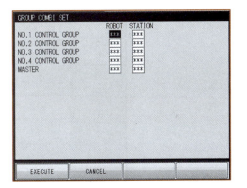

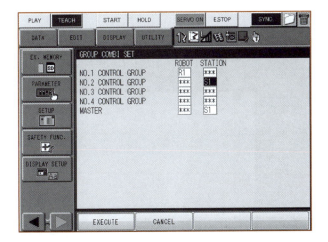

图 6-51 选择"ADD GROUP"项并设置

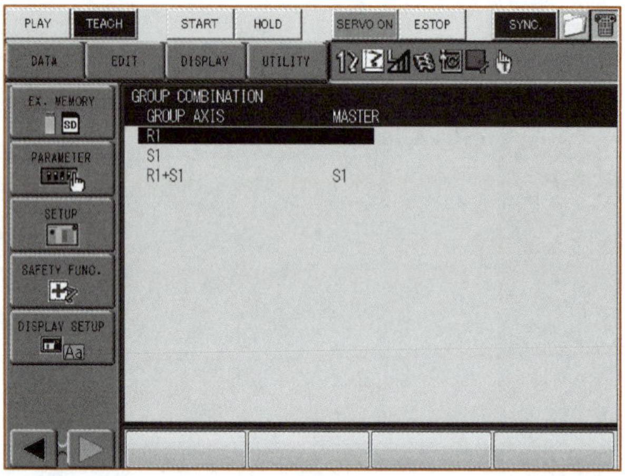

图 6-52　设置完成

图 6-53　校准工装轴

图 6-54　选择标定序号

⑭ 选择需要校准的轴组合"C1"。用轴操作键将机械手移动到所需的位置。单击"修改"按钮后按回车健,登录校准位置。画面中的"●"代表示教完成,如图 6-55 所示。校准位置按每个轴组显示。单击"PAGE"按钮来翻页。

⑮ 按照上述步骤完成标定,创建同步协调程序。

通过示教器按键 4 可以切换同步协调,如图 6-56 所示。

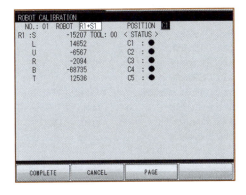

图 6-55　示教完成

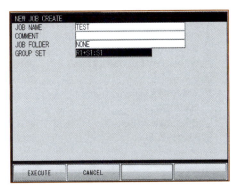

图 6-56　切换同步协调

6.4 生成建模动画

6.4.1　生成 3D PDF 文件

选择"Simulation→Output→3D PDF"命令,如图 6-57 所示。然后进行 3D PDF 输出设置,如图6-58所示。

图 6-57

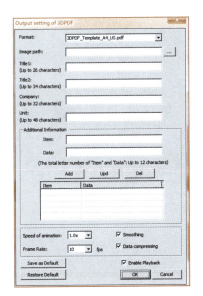

图 6-58　3D PDF 输出设置

　　单击"OK"按钮,生成文件如图 6-59 所示。

　　得到 PDF 文件"带同步的搬运 . pdf",可用 Adobe Acrobat 软件打开,如图 6-60 所示。

名称	修改日期	类型	大小
CONVEYOR-NO1	2019/4/16 21:52	文件夹	
FS100	2019/4/16 22:50	文件夹	
models	2019/3/7 15:18	文件夹	
3DPDFDATA.INI	2019/4/16 22:50	配置设置	1 KB
CONVEYOR-NO1_SYMODEL.txt	2019/4/16 21:47	文本文档	3 KB
Dialog.ini	2019/4/16 22:39	配置设置	1 KB
带同步的搬运.pdf	2019/4/16 22:51	Adobe Acrobat ...	743 KB
带同步的搬运.vcl	2019/4/16 22:39	VCL 文件	14 KB
带同步的搬运.vcl.bak	2019/4/16 21:52	BAK 文件	14 KB
带同步的搬运.xml	2019/4/16 22:39	XML 文档	4 KB

图 6-59　生成文件

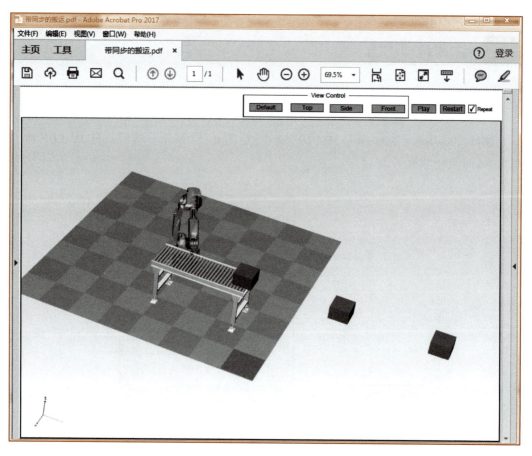

图 6-60　PDF 文件效果

6.4.2 生成 AVI 文件

选择"Simulation→Output→AVI"命令,如图 6-61 所示。

对 AVI 文件的分辨率进行设置,如图 6-62 所示。

图 6-61 "AVI"命令

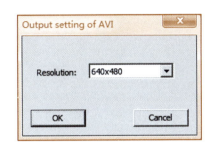

图 6-62 设置分辨率

完成设置后单击"OK"按钮,进行录制,生成的 AVI 文件如图 6-63 所示。

名称	修改日期	类型	大小
CONVEYOR-NO1	2019/4/16 21:52	文件夹	
FS100	2019/4/16 22:50	文件夹	
models	2019/3/7 15:18	文件夹	
3DPDFDATA.INI	2019/4/16 22:50	配置设置	1 KB
CONVEYOR-NO1_SYMODEL.txt	2019/4/16 21:47	文本文档	3 KB
Dialog.ini	2019/4/16 22:39	配置设置	1 KB
带同步的搬运.avi	2019/4/16 23:08	媒体文件(.avi)	504,295 KB
带同步的搬运.pdf	2019/4/16 22:51	Adobe Acrobat ...	743 KB
带同步的搬运.vcl	2019/4/16 22:39	VCL 文件	14 KB
带同步的搬运.vcl.bak	2019/4/16 21:52	BAK 文件	14 KB
带同步的搬运.xml	2019/4/16 22:39	XML 文档	4 KB

图 6-63 生成的 AVI 文件

第 7 章

MotoSim CAM 功能

7.1　CAM 功能介绍

课件
CAM 功能介绍

　　传统的点对点的示教编程很难满足大型工业生产，如汽车车身的喷涂。MotoSim EG-VRC 的 CAM 功能可以很好地解决这类问题。

　　该功能可以根据 CAD 的数据，生成机械手的运动轨迹。广泛用于焊接、激光焊接、激光切割和喷涂作业。导入 IGES、STEP 格式时可能无法检测边缘数据，因此建议使用本地的 3D CAD 格式，如 CATIA V5、Creo。

7.2　CAM 功能实现

课件
CAM 功能实现

7.2.1　弧焊 CAM

1. 新建工程
打开 MotoSim EG-VRC，新建项目并命名为"弧焊 CAM"。

2. 导入机械手
　　① 选择"Controller→New→New VRC Controller（no file）"命令，新建 AR1440。

　　② 单击"Standard Setting Execute"按钮，如图 7-1 所示。

　　③ 单击"OK"按钮，完成机械手的添加，如图 7-2 所示。

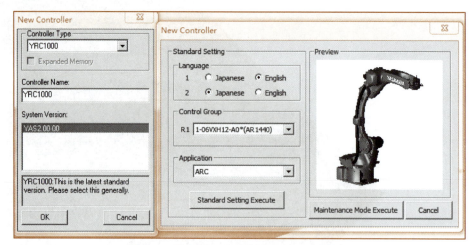

图 7-1　单击"Standard Setting Execute"按钮

图 7-2　单击"OK"按钮

④ 添加焊枪,选择"Home→Model→Model Library→Category→Torch"命令,如图 7-3 所示。

图 7-3　添加焊枪

⑤ 找到实际焊枪型号,拖动至机械手法兰,如图 7-4 所示。

⑥ 导入焊接台和焊件(或者用 MotoSim 创建焊接台),选择"Home→Model→CadTree"命令,单击树状图下的"World"按钮,然后单击"Add"按钮,如图 7-5 所示。

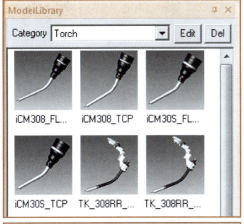

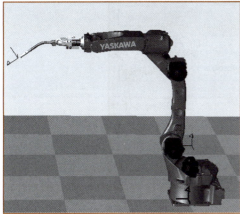

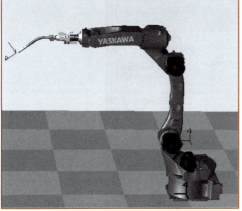

图 7-4　实际焊枪型号　　　　　　　图 7-5　导入焊接台和焊件

⑦ 单击"File Name"区域的"…"按钮,选择焊接台模型的位置并且确定,单击"OK"按钮,完成添加,如果发现导入模型的位置不合适,可以单击"CadTree"下面的"Pos"按钮进行调节,选中模型名字,单击"Pos"按钮,如图 7-6 所示。

⑧ 导入 3D CAD 数据(CATIA V5),添加焊接工件,如图 7-7 所示。

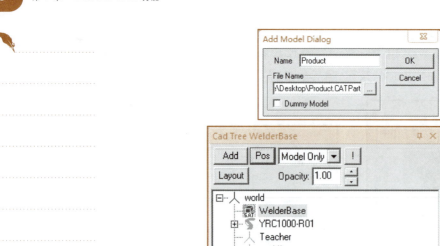

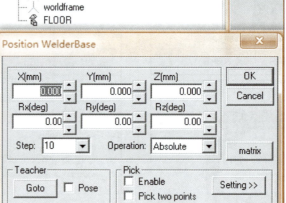

图 7-6　调整模型位置

图 7-7　添加焊接工件

⑨ 选择"Home→Teaching→CAM Function"命令,在打开的对话框的"Application"列表中选择"Arc Weld",在"Job Name"框中输入程序名称,如"WeldPath","Group Set",选择为"R1",然后单击"Add/Edit"按钮。如果提示"Default Settings",单击,"Default Settings"按钮,进行设置,如图 7-8 所示。

⑩ 勾选"Pick Edge"项,在模型中选择需要焊接的焊道,如图 7-9 所示,选中之后会变成黄色。单击"Create Path"按钮。

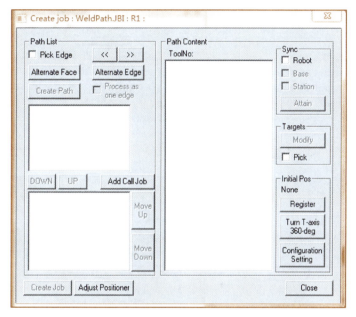

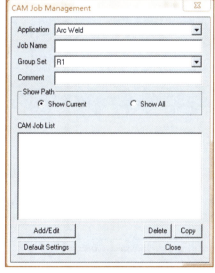

图 7-8 创建运动轨迹并进行优化

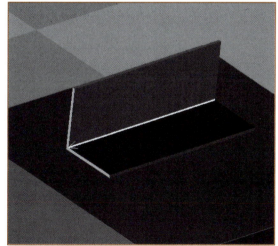

图 7-9 选择焊道

⑪ 在"Torch Position"选项卡中设置焊枪作业的姿态,如图 7-10 所示。在"Teaching"选项卡中设置焊接开始点和结束点的参数,如图 7-11 所示。

⑫ 在"Start/End Conditions"选项卡中设置焊接电流和电压参数,如图 7-12 所示。

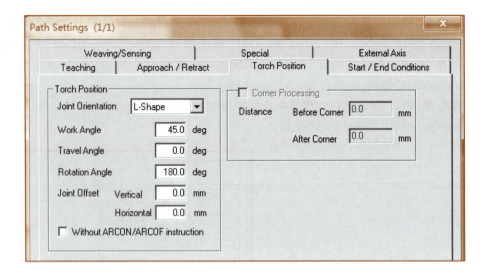

图 7-10   "Torch Position"选项卡

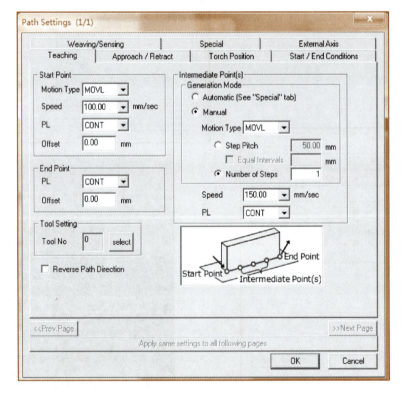

图 7-11   "Teaching"选项卡

⑬ 如果需要摆焊可在"Weaving/Sensing"选项卡中进行设定,单击"OK"按钮可完成设置。如果焊枪姿态不合适,可通过"Torch Position"调节。

⑭ 在图 7-13 所示对话框中选中"Robot"复选项,然后单击"Attain"按钮,执行程序,如果程序运行正常,在"Initial Pos"区域单击"Register"按钮,完成运行,如图 7-13所示。

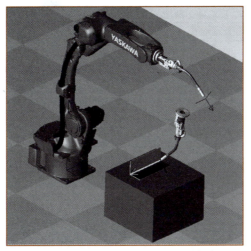

图 7-12　设置焊接电流和电压参数

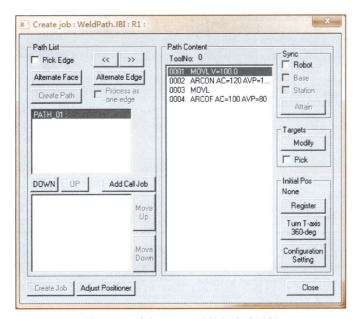

图 7-13　单击"Register"按钮完成运行

⑮ 在程序中,加入原点和中间过渡点,如图 7-14 所示。

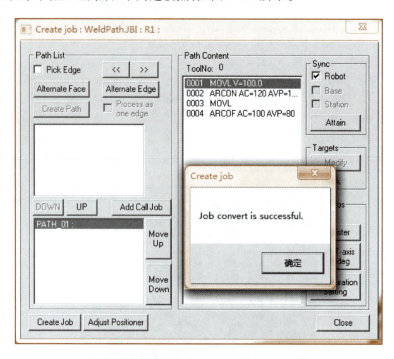

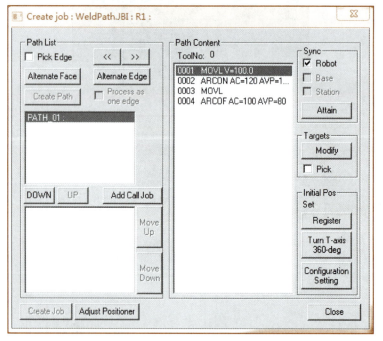

图 7-14　加入原点和中间过渡点

⑯ 把生成的轨迹导入机械手控制器,然后选择"DOWN→Create Job"命令,完成程序创建。

3. 程序优化

选择"Simulation→Monitor→Working Trace"命令，单击"Edit"按钮，勾选"Enable"和"Instruction of working"，在"start"下勾选"ARCON"。也可根据需要对焊道效果的颜色等参数进行设置，如图 7-15 所示。

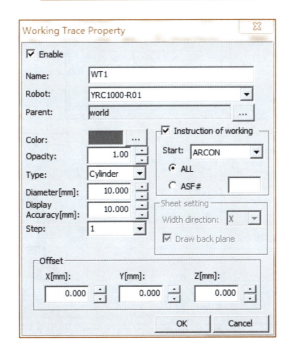

图 7-15 添加焊道焊接效果

再次运行程序,可看见焊道焊接效果,如图 7-16 所示。

图 7-16　焊道焊接效果

7.2.2　激光焊 CAM

1. 新建工程

打开 MotoSim EG-VRC 新建项目并命名为"激光焊 CAM"。

2. 导入机械手

① 选择"Controller→New→New VRC Controller (no file)"命令。

② "Controller Type"选择"YRC1000","Control Group"选择"AR1730","Application"选择"ARC"。单击"Standard Setting Execute"按钮,完成机械手的添加,如图 7-17 所示。

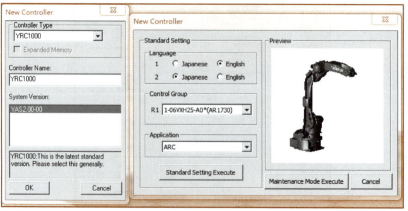

图 7-17　添加机械手

③ 选择"Home→Model→CadTree"命令。单击树状图下的"World",然后单击"Add"按钮,如图 7-18 所示。

④ 单击"File Name"下面的"…"按钮,选择焊枪的位置并且确定。单击"Pos"把焊枪的位置调整到机械手的法兰中心,如图 7-19 所示。

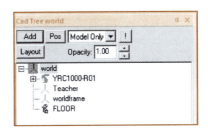

图 7-18　添加焊枪

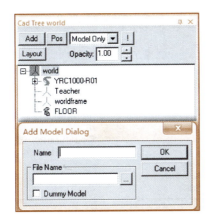

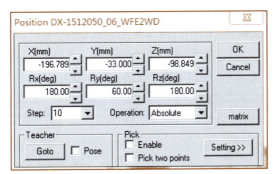

图 7-19　调整焊枪位置

⑤ 选择"Controller→File Settings→Tool Data"命令,调整设置位置至焊枪末端,如图 7-20 所示。

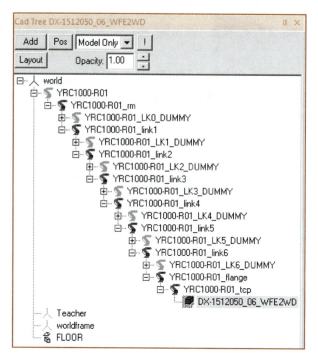

图 7-20　焊枪末端位置

⑥ 把焊枪移动到机械手 TCP 上,导入焊接台和焊件,按照添加焊枪的方法添加焊接台和焊件,并调整到合适位置,如图 7-21 所示。

⑦ 选择"Home→Teaching→CAM Function"命令。"Application"设置为"Laser Welding","Job Name"设置为"LaserWeldPath","Group Set"设置为"R1"。单击"Add/Edit"按钮,进入路径创建对话框。若提示"Default Settings",单击"Default Settings"按钮进行设置,如图 7-22 所示。

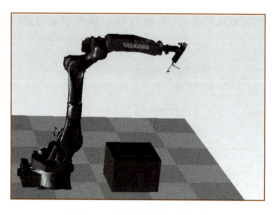

图 7-21　添加焊接台和焊件

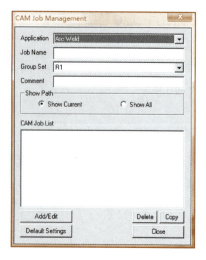

图 7-22　创建运动轨迹并进行优化

⑧ 勾选"Pick Edge"项,单击选择需要焊接的路径,按住 Ctrl 键可进行复选,选择完成后单击"Create Path"按钮,弹出对话框如图7-23所示。

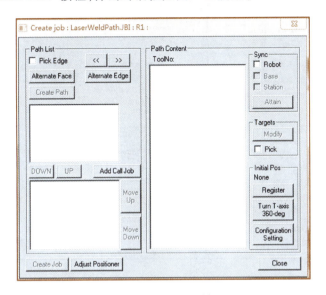

图 7-23　弹出对话框

⑨ 在"Laser Welding"选项卡下设置激光焊接数据,单击"OK"按钮,完成设置,如图 7-24 所示。

⑩ 勾选"Sync"下面的"Robot"项,单击"Attain"按钮运行路径,如果出现红色即为机械手无法到达,可通过"Turn T-axis 360-deg"或者"Configuration Setting"设置轴配置参数,把生成的轨迹导入机械手控制器。单击"DOWN"按钮,然后单击"Create Job"按钮,完成程序生成,执行创建程序并显示焊道轨迹,如图 7-25 所示。

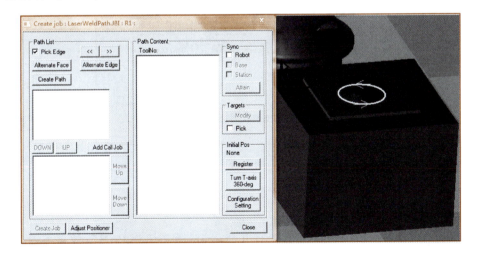

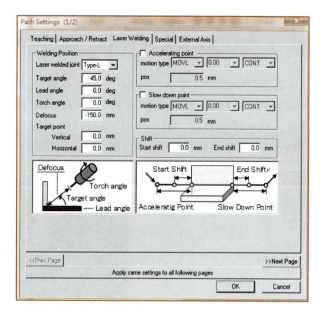

图 7-24   设置激光焊接数据

7.2.3   激光切割 CAM

① 打开 MotoSim EG-VRC,新建项目并命名为"激光切割 CAM",效果如图 7-26 所示。导入机械手,在主菜单栏下,选择"Controller→New→New VRC Controller（no file)"命令,弹出对话框,如图 7-27 所示。

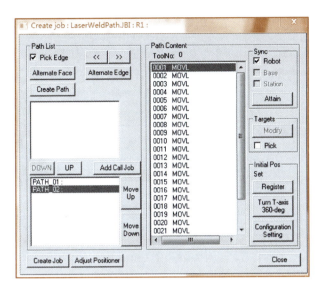

图 7-25 其他参数可根据实际需要设定

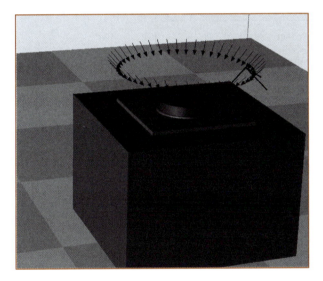

图 7-26 焊道轨迹

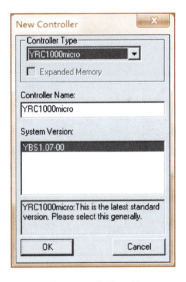

图 7-27 新建工程

② "Controller Type"选择"DX200","Control Group"选择"MC02000-J0*",单击"Standard Setting Execute"按钮,完成机械手的导入,如图 7-28 所示。

③ 选择"Home→Model→CadTree"命令。选择"Add→File Name→…"命令,添加文件路径,单击"OK"按钮,完成添加。单击"Pos"按钮,移动到机械手法兰,并调整至合适位置,并调整工具坐标,如图 7-29 所示。

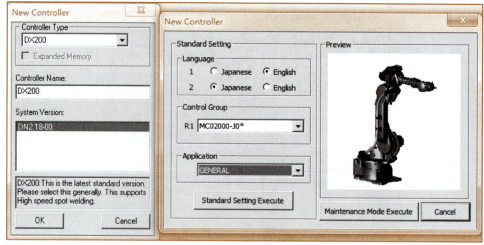

图 7-28   导入机械手

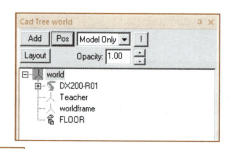

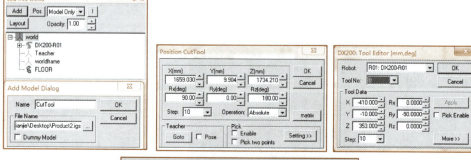

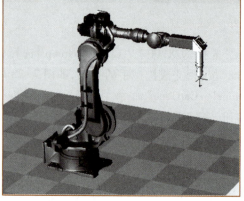

图 7-29   导入切割头

④ 导入切割工作台已切割工件(CATIA V5),按照上述方法导入模型,并调整到合适位置,如图 7-30 所示。

图 7-30 导入模型

⑤ 选择"Home → Teaching → CAM Function"命令。"Application"选择"Laser cutting",在"Job Name"栏中输入程序名称,例如"CutPath","Group Set"选择"R1",然后单击"Add/Edit"按钮。如果提示"Default Settings",单击"Default Settings"进行设置,如图 7-31 所示。

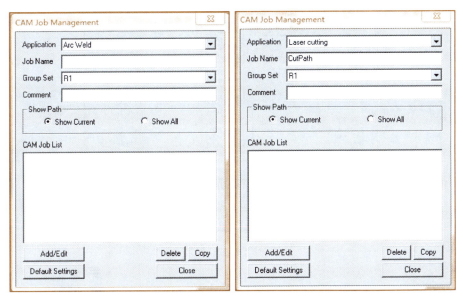

图 7-31 创建运动轨迹并进行优化

⑥ 打开 MotoSim EG-VRC,新建项目并命名为"喷涂 CAM"。导入机械手,选择"Controller→New→New VRC Controller(no file)"命令,如图 7-32 所示。

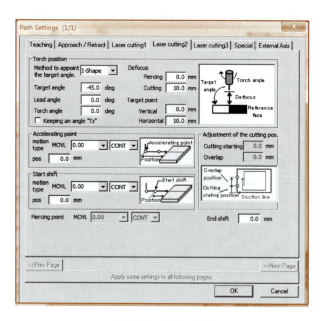

图 7-32　新建工程

⑦ 勾选"Pick Edge"项,按住 Ctrl 键可进行复选,设置切割参数。把生成的轨迹导入机械手控制器,如图 7-33 所示。

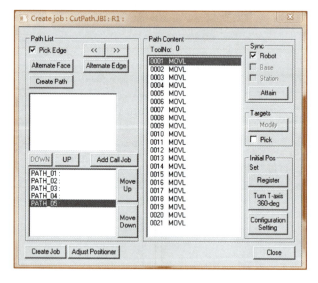

图 7-33　设置切割参数

7.2.4　喷涂 CAM

① "Controller Type"选择"DX200","System Version"选择"DN2.18-00",单击"OK"按钮,如图 7-34 所示。

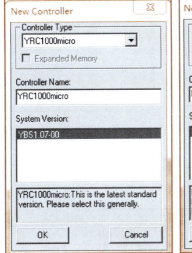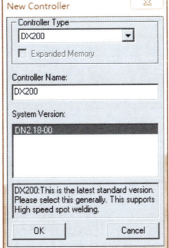

图 7-34　设置"喷涂 CAM"参数

② "Control Group R1"选择"MPX2600-A0*","Application"选择"PAINT",单击"Standard Setting Execute"完成设置,如图 7-35 所示。

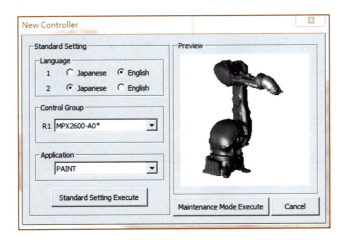

图 7-35　单击"Standard Setting Execute"按钮完成设置

③ 单击"OK"按钮,完成机械手的导入。导入喷枪,并将喷枪安装至机械手法兰盘,如图7-36所示。

④ 选择"Home→CadTree"命令。在"Cad Tree world"对话框中单击"Add"按钮,如

图 7-37 所示。

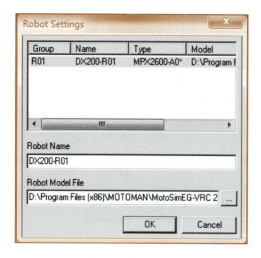

图 7-36　导入喷枪

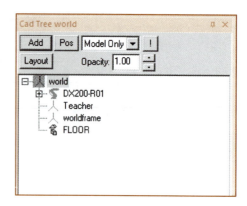

图 7-37　导入 3D CAD 数据（CATIA V5）

⑤ 单击"File Name"区域的"…"按钮，添加 3D CAD 数据路径，并选择对应的文件，如图 7-38 所示。

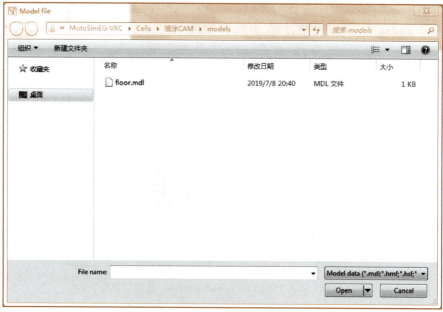

图 7-38　选择 3D CAD 数据文件

⑥ 单击"Add Model Dialog"对话框中的"OK"按钮,单击提示框中的"是"按钮,如图 7-39 所示。

图 7-39　确认添加

⑦ 在"Import"对话框中勾选"Enable Healing"和"Imports the work file for CAM teaching",单击"OK"按钮,完成产品的导入,如图 7-40 所示。

⑧ 如果输入的模型尺寸和实际尺寸不一致,则是 MotoSim 在处理数据时,进行了比例压缩。右击模型名称"汽车挡泥板",选择"Property",将"Property"对话框下面的"Scale"更改为 1 即可,如图 7-41所示。

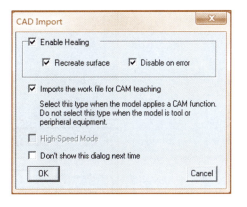

图 7-40　完成导入

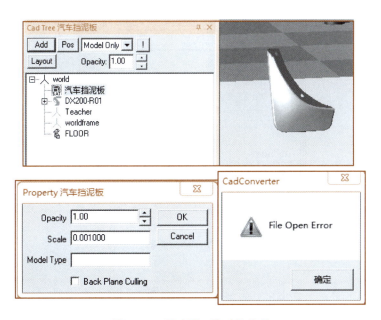

图 7-41　尺寸不一致时的处理

⑨ 在"CAM Job Management"对话框的"Application"下拉列表中选择"ArcWeld"项,然后在"Job Name"对话框输入程序名字。单击"Add/Edit"按钮,添加轨迹。如果提示则需要确认,如图 7-42 所示。完成设置后如图 7-43 所示。

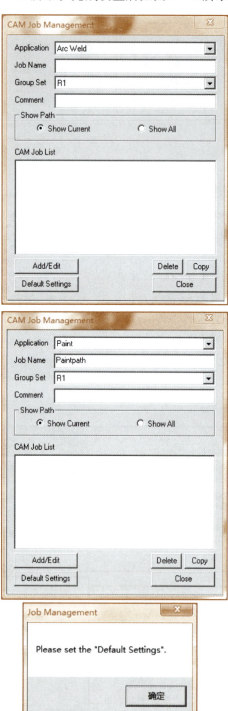

图 7-42　创建运动轨迹并进行优化

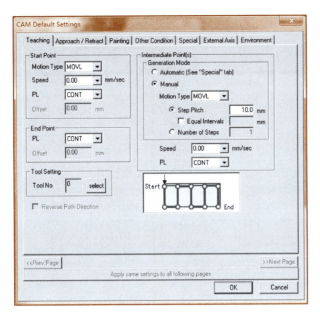

图 7-43　完成参数设置

⑩ 单击"Add Path"按钮,对喷涂区域进行选择,按住 Ctrl 键可进行复选,完成后单击"Combine"按钮,生成路径线条,单击"OK"按钮,如图7-44所示。

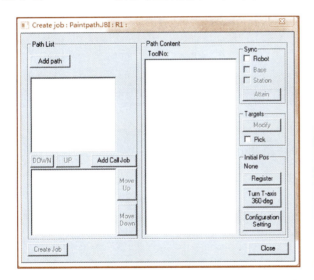

图 7-44　选择喷涂区域

⑪ 根据喷枪实际喷幅以及现场实际情况,完成参数设置,如图 7-45 所示。

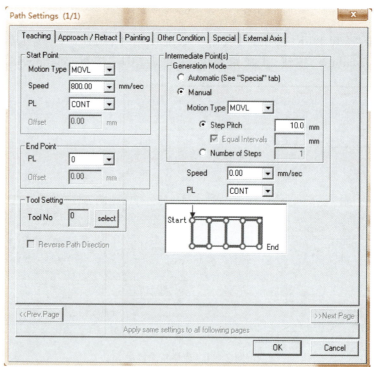

图 7-45   单击"OK"按钮完成设置

⑫ 当轨迹创建完成后,选中"Sync"下面的"Robot",然后单击"Attain"按钮,机械手会把所有的程序点都运行一次,如果出现报警,"Path Content"中对应的程序行会变成红色,可根据实际需要对其进行修改,直至所有程序点都能正常运行,如图 7-46 所示。

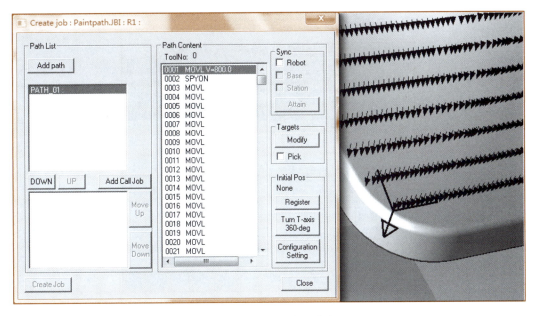

图 7-46　运行所有程序点

⑬ 把生成的轨迹导入机械手控制器,在程序起始行单击"Initial Pos"下面的"Register"按钮,单击"DOWN"按钮,如图 7-47 所示。

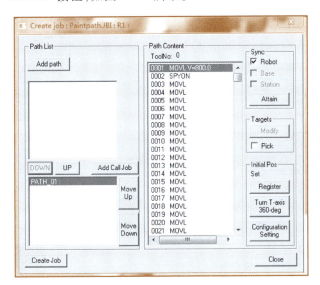

图 7-47　导入轨迹

⑭ 单击"Create Job"按钮,把程序生成到机械手系统中,若生成成功则显示"确认"按钮,单击完成操作,如图 7-48所示。

通过示教编程器,执行创建程序。选择"Controller→VPP→show"命令。

⑮ 运行程序,检查机械手运行轨迹是否正确,如

图 7-48　确认操作成功

图 7-49所示。

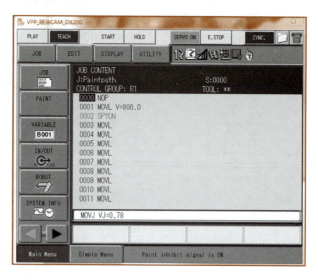

图 7-49   运行程序

7.2.5   带外部轴切割 CAM

图 7-50   新建工程

① 新建工程,打开 MotoSim EG-VRC,新建项目并命名为"带外部轴切割 CAM"。导入机械手,在主菜单栏选择"Controller→New",在弹出对话框中选择"New VRC Controller(no file)"选项,如图 7-50 所示。

单击"MainTenance Mode Execute"按钮,如图 7-51 所示。

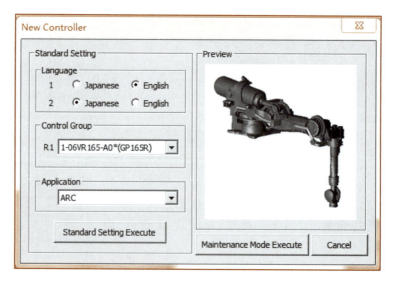

图 7-51   单击"MainTenanc Mode Execute"按钮

② 单击"SYSTEM"和"Initialize"按钮,如图 7-52 所示。

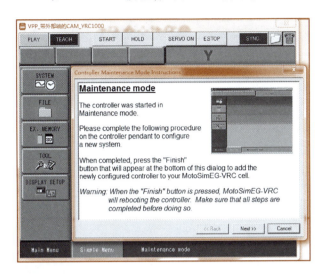

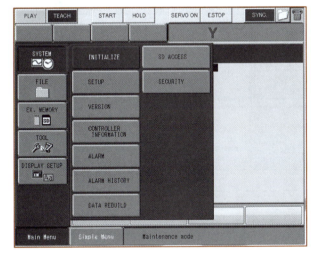

图 7-52 初始化

③ 选择"Controller Maintenance Mode Instruction→Next→Finish"命令,如图 7-53 所示。

④ 单击"OK"按钮,完成机械手导入,如图 7-54 所示。

⑤ 导入工作台以及导入 2D CAD 切割数据(AutoCAD),导入效果如图 7-55 所示。

⑥ 创建运动轨迹并进行优化

选择"Home→Teaching→CAM Function"命令。

"Application"选择为"Laser cutting",在"Job Name"文本框输入程序名称如"Cut-Path","Group Set"选择为"R1",然后单击"Add/Edit"按钮。如果提示"Default Settings",单击"Default Settings"按钮进行设置,如图 7-56 所示。

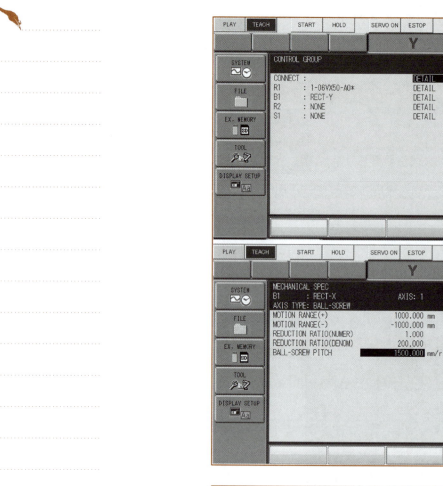

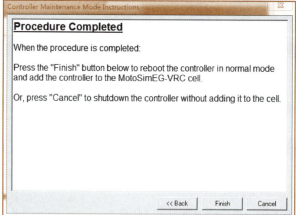

图 7-53　选择控制模式

图 7-54　导入机械手

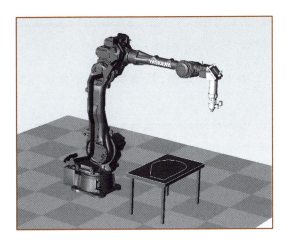

图 7-55　导入效果

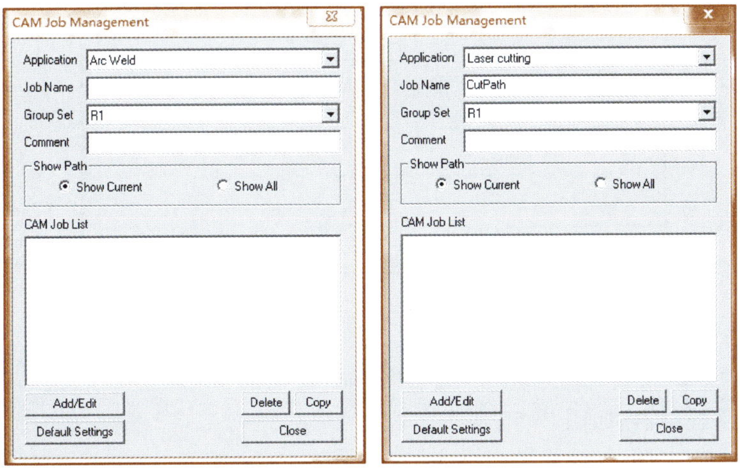

图 7-56　创建运动轨迹及优化

勾选"Pick Edge"项,添加路径,如图 7-57 所示。

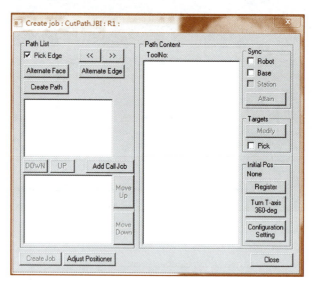

图 7-57 添加路径

⑦ 设置切割数据以及外部轴数据,其他数据可根据实际情况而定,如图 7-58 所示。

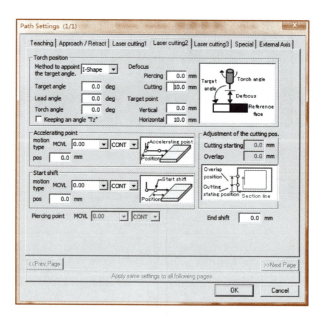

图 7-58 设置切割数据和外部轴数据

⑧ 单击"OK"按钮,完成操作。勾选"Sync"下面的"Base"运行轨迹。把生成的轨迹导入机械手控制器,如图 7-59 所示。

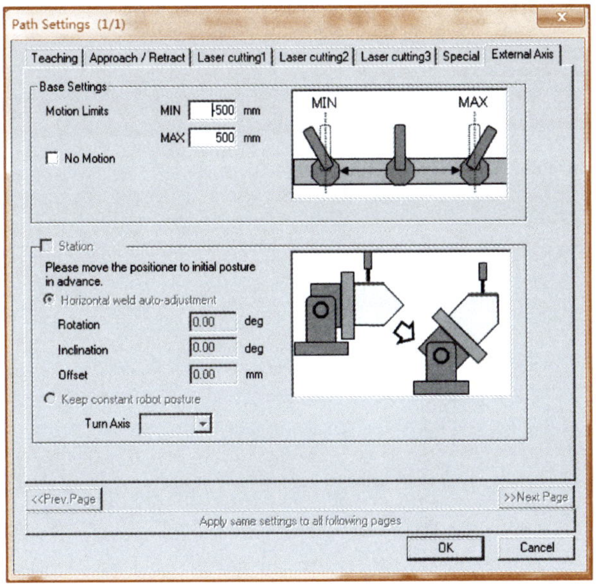
Path Settings (1/1)
Teaching
Approach / Retract
Laser cutting1
Laser cutting2
Laser cutting3
Special
External Axis
Base Settings
Motion Limits
MIN
-500
mm
MAX
500
mm
No Motion
MIN
MAX
Station
Please move the positioner to initial posture in advance.
Horizontal weld auto-adjustment
Rotation
0.00
deg
Inclination
0.00
deg
Offset
0.00
mm
Keep constant robot posture
Turn Axis
<<Prev.Page
>>Next Page
Apply same settings to all following pages
OK
Cancel

图 7-59 导入轨迹

第 **8** 章

工作站系统联机调试

8.1　与硬件系统联机

课件
与硬件系统
联机

微课
与硬件系统
联机方法

①　工作站系统仿真程序调试完成后,首先将程序进行保存,单击界面左上角的"开始"按钮 ⑦ ,在弹出菜单中单击"保存"按钮,如图 8-1 和图 8-2 所示。

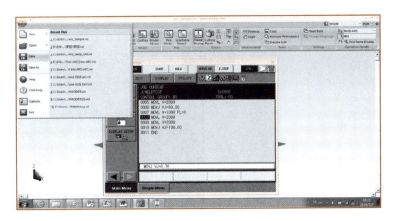

图 8-1　仿真程序保存 1

②　将保存好的仿真程序再保存到外部存储器(U 盘或 CF 卡)上,先将 U 盘插入计算机,在主菜单上找到 EX. MEMORY 项,如图 8-3 所示。

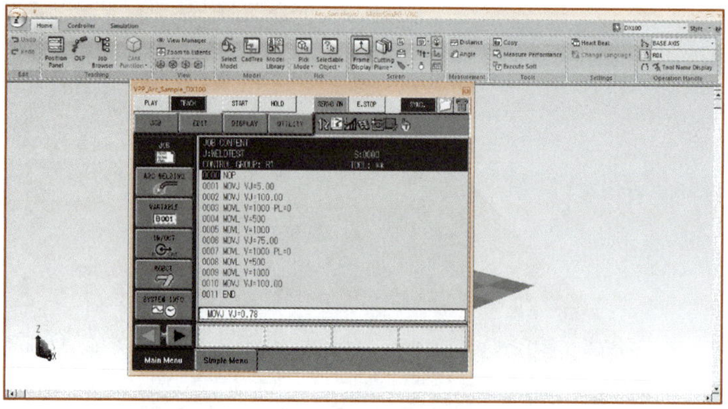

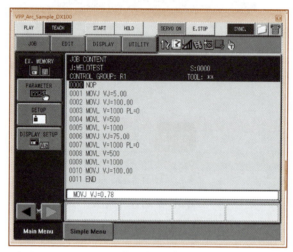

图 8-2　仿真程序保存 2

图 8-3　外部存储界面

③ 单击 EX. MEMORY 项,然后再单击 LOAD 按钮,如图 8-4 所示。

图 8-4　程序外部加载界面

④ 单击 LOAD 按钮后，弹出加载选项界面，如图 8-5 所示。

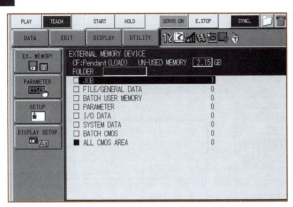

图 8-5　加载选项界面

⑤ 将光标移到 JOB 上，按空格键，弹出程序文件列表，如图 8-6 所示。

图 8-6　程序文件列表

⑥ 将光标移到要加载的程序上，按空格键进行确认，如图 8-7 所示。

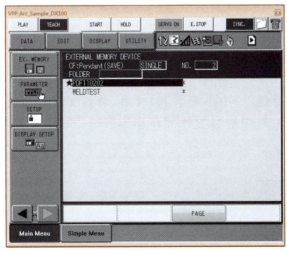

图 8-7　程序确认表

⑦ 按回车键进行保存,如图 8-8 所示。

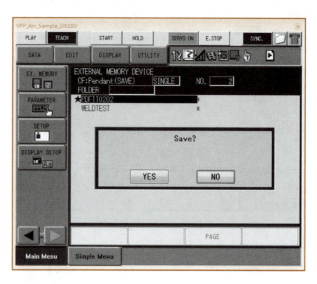

图 8-8　程序保存界面

⑧ 在弹出的对话框中单击"YES"按钮 YES ,程序保存到外部存储设备。单击右上角的"打开"按钮,打开外部存储器文件夹,如图 8-9 所示。

图 8-9　外部存储器文件夹

文件夹(外部存储器)中出现了 JBI 文件,将该文件复制到移动存储设备,将U 盘或 CF 卡插入示教编程器的外部存储器接口,机器人控制器开机后将程序导入。

课件
离线程序校正

8.2　离线程序校正

离线编程系统中的仿真模型和实际的机器人模型之间存在误差。产生误差的原因主要是由于机器人本身结构上的误差、工作空间内难以准确确定物体(机器人、工件等)的相对位置和离线编程系统的数字精度等。

　　离线仿真可用于确定机械手的安装位置,测试机械手是否和外围设备存在干涉。也可用于离线程序的编写,从而缩短程序编写时间,提高程序运行精度。

　　离线程序可通过用户坐标进行校正,在编写离线程序时先建立一个用户坐标,当把程序复制到真实的设备上时,只需要把真实中的用户坐标和模拟中的坐标重合即可。

郑重声明

高等教育出版社依法对本书享有专有出版权。任何未经许可的复制、销售行为均违反《中华人民共和国著作权法》，其行为人将承担相应的民事责任和行政责任；构成犯罪的，将被依法追究刑事责任。为了维护市场秩序，保护读者的合法权益，避免读者误用盗版书造成不良后果，我社将配合行政执法部门和司法机关对违法犯罪的单位和个人进行严厉打击。社会各界人士如发现上述侵权行为，希望及时举报，本社将奖励举报有功人员。

反盗版举报电话　（010）58581999　58582371　58582488

反盗版举报传真　（010）82086060

反盗版举报邮箱　dd@hep.com.cn

通信地址　北京市西城区德外大街 4 号
　　　　　高等教育出版社法律事务与版权管理部

邮政编码　100120

防伪查询说明

用户购书后刮开封底防伪涂层，利用手机微信等软件扫描二维码，会跳转至防伪查询网页，获得所购图书详细信息。用户也可将防伪二维码下的 20 位密码按从左到右、从上到下的顺序发送短信至 106695881280，免费查询所购图书真伪。

反盗版短信举报

编辑短信"JB，图书名称，出版社，购买地点"发送至 10669588128

防伪客服电话

（010）58582300